国家高技术研究发展计划（863 计划）
资源环境技术领域重大项目课题（2013AA06A306）

皮革化学品管理与风险筛查

林 炜 桑 军 俞凌云 编著

中国轻工业出版社

图书在版编目（CIP）数据

皮革化学品管理与风险筛查/林炜，桑军，俞凌云编著. —北京：中国轻工业出版社，2023.4

ISBN 978-7-5184-4245-4

Ⅰ.①皮… Ⅱ.①林…②桑…③俞… Ⅲ.①皮革工业—化学产品—风险管理 Ⅳ.①TS529

中国国家版本馆 CIP 数据核字（2023）第 005320 号

责任编辑：杜宇芳

文字编辑：王晓慧　　责任终审：李建华　　整体设计：锋尚设计

策划编辑：杜宇芳　　责任校对：吴大朋　　责任监印：张京华

出版发行：中国轻工业出版社（北京东长安街 6 号，邮编：100740）

印　　刷：北京君升印刷有限公司

经　　销：各地新华书店

版　　次：2023 年 4 月第 1 版第 1 次印刷

开　　本：787×1092　1/16　印张：12.5

字　　数：250 千字

书　　号：ISBN 978-7-5184-4245-4　定价：69.80 元

邮购电话：010-65241695

发行电话：010-85119835　传真：85113293

网　　址：http://www.chlip.com.cn

Email：club@chlip.com.cn

如发现图书残缺请与我社邮购联系调换

221129K4X101ZBW

前言

皮革行业是我国的传统优势产业，经过三十多年的快速发展，现已形成以制革、制鞋、皮革服装、皮具、毛皮及制品五个专业为主体的完整工业体系，拥有涵盖设计研发、生产制造和市场销售等各个环节的全产业链，具有上下游关联度高，市场自发驱动，产品常青，集创汇、富民、就业为一体的产业优势。据中国皮革协会统计，2021 年，我国皮革主体行业销售收入 1.04 万亿元，实现利润总额 551.26 亿元。其中，全国规模以上制革企业（不含制品）轻革产量 5.97 亿平方米，占世界总产量的 20%以上。皮革行业的蓬勃发展，为我国国民经济发展做出了突出贡献，特别是在解决劳动人口就业方面成果显著。据统计，皮革行业直接从业人员高达 1100 万人。此外，皮革行业还是我国重要的出口创汇行业，2021 年，我国皮革及皮革制品出口高达 903 亿美元，居世界皮革行业首位；贸易顺差高达 706.1 亿美元，占我国贸易顺差总额的 10.4%。

同时，随着近年环保压力持续加大，国际市场贸易绿色壁垒问题突出，生产要素成本不断上涨，加之国家政策调整等因素，我国制革行业的发展也面临诸多的困难与挑战。制革行业总体呈现下降趋势，利润增速回落，行业整体不够景气，特别是日益严格的环保问题成为制约制革业发展的瓶颈。而皮革化学品是绕不过去的一个坎。这是因为制革原料皮在加工至成品皮革的过程中需要使用大量的化学助剂，如鞣剂、涂饰剂、染料、加脂剂等，常用的基本和专用化学品涉及 2000 多种，这些化学品的使用虽然对提高皮革产品质量、满足产品性能需求非常必要，但是加工废液中残留的化学品的排放，以及皮革产品中未固定结合的化学品的释出，都存在生态、环境和健康风险。

针对制革行业，国内外均缺乏系统有效的皮革化学品风险筛查、评估和管理的机制，对化学品的毒性效应、生态风险等基本不作评价。在控制化学品危害时，主要依赖末端治理和产品质量管控，而对进入制革加工过程源头的化学品筛查和控制的力度不够。目前国内更多的是基于环境保护法规的压力和产品质量标准的要求而被动地控制化学品的使用，为此急需寻找可替代的皮革化学品及应用技术。在此背景下，系统地整理有潜在风险的皮革化学品清单，给制革上下游产业链相关企业提供适用的化学品安全信息数据库，同时为行业管理机构和职能部门提供可靠的皮革化学品测试评价方法和技术标准，既是产业发展当务之急需，也是皮革研发工作者的重要责任。

十年前，本书作者在“863 计划资源环境技术领域重大项目”原首席科学家——中国科学院生态环境研究中心王子健研究员的带领下，率先开展了制革行业优控化学品的风险筛查与替代产品技术研究，多年来一直坚持从化学品风险评估筛查的视角设计绿色制革工艺和生态皮革产品，并结合源头替代、减少使用或循环利用高风险皮革化学品的手段来避免或减少污染的产生。这一理念看似简单，但实际应用时，老问题尚未完全解决、新问题又不断出现，原因之一就是国内外环保要求越来越高、环保和产品安全法规在不断更新升级，化学品的生产、使用和管理不断面临新挑战。因此，面向未来，很有必要将我们过去的一些相关研究、认识体会作一梳理和总结；尤其是针对制革行业使用的化学品的相关毒性效应信息、管控法规与标准、健康环境风险及筛查评价方法等尚未见有著作出版。由此汇编成本书，希望能承前启后，以飨读者。

全书共设置6章，其中第1~3章介绍了化学品风险筛查和评估的思路方法，并对国内外化学品管理的现状作必要的综述，特别是对国内外制革行业化学品管理的现状进行了较为全面的归纳总结，意图强化化学品风险管理的理念。在此基础上，第4~6章重点将作者近年来围绕皮革化学品风险筛查研究得到的化学品引入皮革源头调研、管控限量、检测标准、生态性评价方法、风险筛查的方法结果与应对策略等一些成果分享给读者。在第6章中的《潜在风险高关注皮革化学品清单》是作者团队多年跟踪研究皮革及相关行业最新管理动态持续更新而成的皮革行业首个高风险化学品数据库。希望本书有助于读者了解皮革化学品的风险，优化化学品的选择和使用，减少行业因化学品使用和管理不当受到的冲击。本书是作者多年来在科研和教学过程中积累的成果和经验的总结，同时参考了大量优秀的公开出版的专著和发表的文献，在此对被引用文献或书籍的作者表示衷心的感谢。

本书可作为高校皮革专业本科生和研究生的教材，也可供皮革行业有关生产、科研的工作人员参考阅读。感谢采用此书作为教科书或参考书的教师和同学们。鉴于编者水平有限，书中难免会出现错漏之处，敬请读者和行业同仁批评指正，不吝赐教。

林炜　桑军　俞凌云

2022 年 11 月 20 日

目　录

第一章

风险管理

1.1 引言

化学物质，也称为化学品，是现代社会不可或缺的生产资料和生活资料，《全球化学品统一分类和标签制度》（2021 第 9 修订版）中将化学品定义为自然状态或通过生产过程得到的化学元素及其化合物，包括维持产品稳定性所需的任何添加剂和派生于使用过程的杂质，但不包括可以分离而不影响物质稳定性或改变其组成的任何溶剂。简单来说，化学品必须是具有确定的化学组成的物质，它既可以是化学元素、化合物，也可以是化学离子或者合金等。常见的各种医药、农药、化肥、塑料、洗涤用品、化工助剂、家庭装饰材料等，都是化学品的应用。

从 20 世纪 70 年代开始，世界化学工业经历了一个快速发展时期，全球化学品贸易总额从 1970 年的 1710 亿美元快速增长到了 2010 年的 41200 亿美元。伴随着化学工业的快速成长，化学品的种类也呈现了爆炸式的增长，据《美国化学文摘》记录，全世界现有的有机和无机化学品高达 1.94 亿种，其中已作为商品上市的有 14 万余种，经常使用的有 7 万多种，全世界每年新出现化学品还有 1000 多种。我国环境保护部 2013 年发布的《中国现有化学物质名录》共收录在我国生产、使用、进口、销售、储存的化学物质 45612 种，其后不断增补更新，截至 2022 年 12 月共增补了 1286 种化学物质。

工业和经济的蓬勃发展，也推动了我国化学品生产和消费的快速发展，中国也成为了化学品生产、销售和消费的大国。2021 年，我国有规模以上化学品制造企业 2.69 万家，累计实现营业收入 14.45 万亿元，实现利润总额 1.16 万亿元，全行业营收利润率为 8.04%。石油化工行业税金总额占全国规模工业税金总额的 20%，从业人员高达 600 余万，是我国重要的支柱产业之一。

毋庸置疑，化学品的开发和利用为人类生活带来了巨大的便利，但是化学品也有它的另一面。化学品的大量、无序使用给人类健康和环境带来了一系列的灾难，日本米糠油事件（PCBs）、水俣病（CH_3HgCl）等一系列的化学品安全事件不断提醒人类关注由化学品引起的人体危害和环境危害问题，国际社会也从这些教训中开始逐渐重视化学品的危害，各种针对化学品的法律、管理法规、国际公约等先后出台。近年来，中国政府也在加大化学品管理力度，如国务院 2011 年出台了《危险化学品安全管理条例》（国务院令第 591 号）。生态环境部、工业和信息化部、国家卫生和计划生育委员会、应急管理部等部门也在各自主管领域内发布了多个专项化学品管理法规或政策文件，如《危险化学品环境管理登记办法（试行）》《新化学物质环境管理办法》《危险化学品登记管理办法》等法规和规划。此外，中国还积极地参与国际化学安全管理活动，已正式建立“实施联合国 GHS 部际联席会议制度”，并以观察员身份加入了化学协会国际理事会，还积极响应和支持《国际化学品管理战略方针（SAICM）》。

风险管理是一门新兴的管理学科，起源于美国。最早是为了应对世界性经济危机的影响，美国的一些大中型企业在内部设立了保险管理部门，专门负责安排企业的各种保险项目，降低企业的经营风险，这就是风险管理的雏形；1938 年以后，美国企业对风险管理开始采用科学的方法，并逐步积累了丰富的经验；到 20 世纪 50 年代后风险管理发展成为了一门管理学科；其后，风险管理逐步被引入到一些其他行业。当前，科学的化学品风险评估和风险管理已成为实现化学品安全生产、使用以及最大限度减少化学品对人体健康和环境不利影响的重要手段。

1.2　化学品风险管理

1.2.1　风险

按照国际标准化组织（International Organization for Standardization，ISO）的定义，风险是指“不确定性对目标的影响”。在化学品管理的范畴内，风险更加侧重于不利影响——危害，而化学品风险指的就是某一特定暴露条件下化学品或混合物对人体或环境产生危害的概率。简单地说，对化学品的人体或环境危害进行评估的方法或过程就是化学品风险评估，化学品风险评估是化学品管理的中心议题之一。

按照保护目标的不同，化学品风险评估可分为人体健康风险评估（Health Risk Assessment，HRA）和生态环境风险评估（Environmental Risk Assessment，ERA）两类，它们的评估步骤基本相同，主要区别在于二者关注不同的化学品的危害特性及其暴露途径。人体健康风险评估关注化学品对人体健康的毒性影响，常用的无影响水平是可接受的日摄入量（Acceptable Daily Intake，ADI）和每日摄入耐受量（Tolerable Daily Intake，TDI）。而生态环境风险评估则更加关注化学品通过环境介质对生态系统的毒性效应，最常用的无影响水平是预测的无效应浓度（Predicted No Effect Concentration，PNEC），其中生态系统又可细分为水生生态系统、陆生生态系统、沉积物生态系统等，暴露水平常用预测的环境浓度（Predicted Environment Concentration，PEC）表示。

在过去的几十年间，一些国际和地区组织如经济合作与发展组织（Organization for Economic Cooperation and Development，OECD）、世界卫生组织（World Health Organization，WHO）、国际化学品安全规划署（International Programme on Chemical Safety，IPCS）、欧洲化学品生态毒理学和毒理学中心（European Centre for Ecotoxicology and Toxicology of Chemicals，ECETOC）都在化学品风险评估工作中相当活跃。在欧盟已经发布的各种指令和法规中，化学品风险评估也是极为重要的组成部分。

1.2.2 化学品环境风险管理的对象

长久以来，各国尤其是我国的化学品管理法规，偏重于强调化学品急性、显性的安全控制，如对具有急性毒害、燃烧、爆炸、腐蚀等性质的危险化学品的管理。在我国，这类危险化学品的管理职责更多地隶属于国家安全生产监督管理总局（现重组为应急管理部）。具体到工业，在管理中又过于注重某些大量使用的化学品对水环境、大气和土壤的危害，对化学品潜在的、隐性的人体健康和生态环境危害关注度不够。化学品环境管理是对现有化学品管理体制的一个有效补充，其主要的管理对象是危险化学品中的有毒化学品，重点针对低浓度、具有长期或潜在危害性的“潜在毒性化学品”，以及具有环境持久性和/或生物累积性和/或生物毒性的化学品。这些化学品被人类使用后，可在生态环境及人体中长期存在和累积，从而构成潜在的和短期内不易察觉的危害。

近 20 年来，随着人们环境保护意识的不断提高、环境检测技术的发展和科学技术的不断深入，国际社会逐步开始对市场上现有的化学品开展风险评价，对人体健康和生态环境会造成以下危害的化学品不断被识别、评估并逐步淘汰：

① 环境持久性、生物累积性和潜在毒性（Persistent，Bioaccumulative and Toxic，

PBT)，持久性是指半衰期很长，难以降解，在环境中能够持久地存在；生物蓄积性是指能在生物体内长期累积，难以排泄；

② 高持久性、高生物蓄积性（very Persistent，very Bioaccumulative，vPvB）；

③ 致癌、致畸、致突变性（CMRs）；

④ 内分泌干扰性（Endocrine Disruption Chemicals，EDCs，也被称为环境激素）。

具有以上 4 种危害特性的物质也被统称为高环境风险化学品。随着国际社会化学品环境管理行动的不断展开，这 4 类化学品都已逐渐成为各国环境管理的优先对象。

1.2.3 风险管理过程

通常来说，风险管理过程分为两个阶段：风险评估阶段和风险管理阶段。两个阶段的联系极为密切，风险管理决策的性质经常影响风险评估的深度和广度，而风险评估能够为风险管理提供科学依据。风险评估需要解决的是“这个情况有多么危险?”的问题，是基于对科学数据的分析形成的描述风险的形式、数量、特征等信息，即人类或环境受到危害的可能性，是一个客观、科学的过程。而风险管理需要解决“什么样的风险是我们可以接受的?”和“我们接下来应该做什么?”的问题，是基于风险评估并充分考虑相关法律、政治、社会、经济和技术性质后采取的措施，风险管理虽然在收集技术和经济等相关信息时涉及科学，但主要是一个主观的行政管理过程。

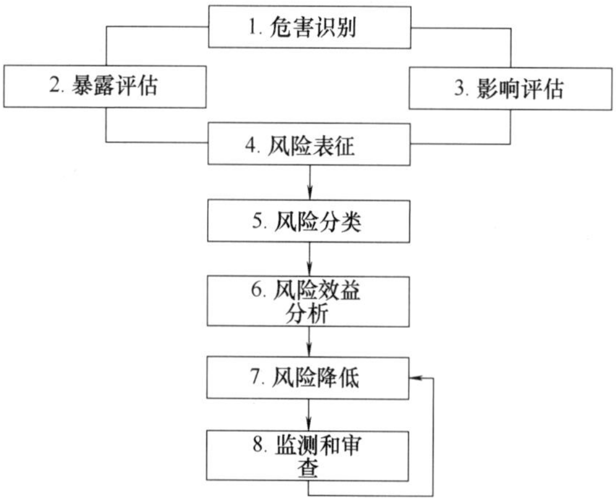

图 1-1 风险管理过程

风险评估包含 4 个步骤：①危害识别；②暴露评估；③影响评估；④风险表征。与风险评估相似，风险管理也包含 4 个步骤：①风险分类；②风险效益分析；③风险降低；④监测和审查，如图 1-1 所示。

1.2.3.1 危害识别

危害识别是化学品风险评估的第 1 个步骤，美国国家环境保护署（US EPA）定义危害识别为识别能够导致不利健康影响的各种暴露，并描述不同暴露的浓度和强度特征，危害识别是对某种化学品的固有能力引起的不良效果的识别。它需要解决两个方面的问题：①哪些化学品可能会产生对人体健康或生态环境的危害效应？②该化学品是否对人类健康或生态环境具有潜在的危害？有什么样的危害？是否需要进行下一步的评价？

对确定环境中的化学品进行危害识别时，根据研究目的不同，使用的识别方法也有所差异。以初步识别出的危害化学品可通过不同的研究方法确定其危害效应，进一步识别需要开展风险评估的危害化学品。

进行人体健康和生态环境危害识别时，都需要首先了解待评估化学品的基本信息，包括化学结构、理化特性、用途、使用范围、使用方式、用量、排放途径等相关信息，还要收集化学品的毒性资料。一般情况下，化学品可能含有一种或多种危害人类健康的毒性，化学品会被按照危害种类分类，如神经毒性、发育毒性、生殖毒性和致癌作用等。其次，还应对化学品是否能够转化或生成毒性更高或较弱的衍生物进行调研，以全面评估该化学品的健康危害效应。此外，考虑到某些化学品进入人体后可能转化为其他代谢物，还应对其产生的危害衍生物和代谢产物进行全面的识别。

在危害识别过程中可供参考的资料主要包括流行病学资料、动物毒理学资料、体外毒理学资料和化合物构效关系资料，其重要性依次为：流行病学资料>动物毒理学资料>体外毒理学资料>化合物构效关系资料。对大多数已知的化学品，通过对现有数据和国内外研究资料的收集和分析，即可满足危害识别的需要。如果从现有的流行病学研究、临床试验研究、动物毒性试验、体外试验、定量结构活性关系和可靠的参考文献等信息中可以得出化学品具有潜在毒性的结论的话，那么风险评估就可以进入下一步。如果无法从已有信息中判断的话，则危害识别的过程将会比较复杂。

各种具有毒理学信息的数据库可以为化学品的危害识别提供参考信息。如 WHO/IPCS 的 INCHEM 数据库、OECD 的 eChemPortal 数据库、The Toxicology Network 的 TOXNET 数据库、美国毒物和疾病登记署（the Databases of the US Agency for Toxic Substances and Disease Registry）的数据库。此外，一些国际性的在线数据资源也可能包含有一些特殊的信息，能够为危害识别提供帮助。

化学品的信息来源可以从以下文献中获得，见表 1-1。

表 1-1　　化学品信息的获取来源

序号	中文	英文
1	环境健康标准	Environmental Health Criteria，EHC
2	世界卫生组织和联合国粮农组织农药残留联席会议的出版物	Joint FAO/WHO Meeting on Pesticide Residues，JMPR
3	食品添加剂联合专家委员会专著	Joint Expert Committee on Food Additives，JECFA
4	简明国际化学品评估文件	Concise International Chemical Assessment Document，CICAD

危害识别信息可以从以下文献中获得，见表1-2。

表1-2　　危害识别的获取来源

序号	中文	英文
1	经济合作与发展组织化学品测试准则	The OECD Guidelines for the Testing of Chemicals
2	环境卫生委员会的专著	Monographs of Environmental Health Criteria, EHC
3	国际化学品安全卡	International Chemical Safety Cards
4	高产量化学物质筛查信息数据库	Screening Information Datasets for High Production Volume Chemicals
5	世界卫生组织农药毒性分级推荐标准	The WHO Recommended Classification of Pesticides by Hazard
6	联合国危险货物运输建议书	The UN Recommendation for the Transport of Dangerous Goods
7	国际肿瘤研究机构专著	International Agency for Research on Cancer Monographs, IARC
8	美国国家医学图书馆有害物质数据库	The US National Library of Medicine Hazardous Substances Data Bank
9	欧洲化学物质信息系统	The European Chemical Substances Information System
10	欧盟化学品分类和标签制度	The EU Classification and Labelling System of Chemicals
11	国际化学品控制工具箱	The International Chemical Control Toolkit

对环境中的化学品进行危害识别，由于研究的目的不同，使用的识别方法也不同。初步识别出的污染物可通过不同的研究方法确定其健康危害效应，进一步识别出需要开展健康风险评估的污染物。

（1）单一危害化学品的识别

在人类实际的生产、生活中，化学品以纯物质形态形成的危害较少见，常见于研究目的或原因确定时，对环境中某一危害化学品进行危害识别和评估。如Hathcock等对维生素D的人体摄入进行了风险评估，郑冬梅等应用EPA（美国环境保护署）推荐的健康风险评价模型对辽河流域高氟地区饮用水中氟所引起的健康风险进行了风险评价；张奎山等对深圳水源水库水、河流水以及地下水的溴离子污染情况开展了风险调查研究，陈同斌、付万军、马瑾等也分别开展了土壤和蔬菜中铅的风险识别和健康风险评估。

（2）多种危害化学品的识别

多种危害化学品的识别和评估应用较为常见，符合水环境、大气环境、土壤环境等实际场景。常用的方法有现场调查法、监测法和文献检索法等。

现场调查法是通过实地调研对环境中可能存在的化学品及其暴露信息展开识别，列出所有化学污染物的名称清单，收集其理化特征资料、人群中的暴露方式和范围、浓度等信息，最后通过查询权威机构的化学品毒性资料，结合污染物的浓度以及人群的暴露方式、研究目的，综合分析后确定最终需要开展健康风险评估的污染物。一般根据研究目的的不同，选择不同类型或不同数量的污染物进行评估，如陈华等对研究区域环境进行现场调查后，识别了区域内的大气污染特征及主要化学污染物，并评估了其对人群健康危害的风险。

监测法是通过对某区域连续的化学品监测或调查研究结果分析，筛选出已存在或可能存在的化学污染物，确定需要风险评估的污染物种类和数量。该类研究在土壤、饮水等环境监测的重点领域多有应用报道。

文献法是借鉴以往报道中的研究成果，对相关区域内的污染物进行预测，从而探索性地对区域内可能存在的化学污染物进行识别和评估。如杨晶等根据既往研究报道的结果，对某污灌区土壤与蔬菜中的重金属进行识别与健康风险评估；王兰化等根据既往报道对华北地区某蔬菜基地的土壤开展重金属污染物识别和风险评估。

1.2.3.2 暴露评估

我国风险管理术语标准定义暴露是组织和/或利益相关者受某事件影响的程度。具体到环境管理中，美国 EPA 定义暴露是有害化学品接触人体外部边缘的情况（例如有害化学品接触皮肤或眼睛等），暴露评估则是按照一定的技术规程，在对暴露浓度准确测量、对暴露行为方式准确评价的基础之上，应用合适的模型对暴露量进行定量的过程。暴露评估最主要的任务是对暴露量的评估，当某种化学品被生产、使用和排放时，其暴露情况可以通过测量暴露浓度进行评估。但是，对于新的化学品，其暴露评估则只能通过预测。

暴露评估主要通过评估物质排放的途径、排放量、物质迁移的速率、转化或降解，从而获得对人类或环境可能产生影响的剂量或暴露浓度，也包括暴露于某一物质的人类或环境的性质和规模，以及暴露的程度和持续的时间。暴露评估是风险评估至关重要的一环。暴露评估经常使用的是多介质暴露模型，特别是环境暴露评估。由于缺乏化学品生产期间的排放因素信息（点源污染），以及在不同产品中化学品的使用和排放（分散源污染），暴露评估是风险评估中不确定的一环。一些环境因素的变化或生物条件的差异都会造成评估的不确定，有时可能导致测量的环境浓度会相差几个数量级之多。

在 HRA 中经常对不同的暴露途径进行组合，以测定每日的总摄入量，表示为：mg/(kg · 天)。目前，HRA 的暴露评估方法主要包括内暴露评估法和外暴露评估法两种。内暴露评估法，也称为再现内在剂量法，通常是暴露发生以后，抽取一定数量的代表性人群样本，采集和分析样本人群的人体生物样本（如血液、尿液、头发、指甲等）中的生物标志物，根据生物标志物的浓度水平，来对环境污染物在人体内的暴露量进行估算，该方法基于的是内暴露剂量-反应关系。对于急性效应，该方法的评估结果相对比较精确，但是对于长期慢性效应，由于生物标志物的衰减和代谢等能够直接影响结果的准确性和有效性，该方法很难反映长期慢性效应的真实暴露量；此外，内暴露评估对不同暴露途径分别产生的暴露量无法实现精确的分割计算，确认生物标志物浓度与环境中污染物浓度的相关性、效应特异性时比较困难；由于人体生物样本较难获得，而且其采样和分析成本很高，因此该方法也并不适合用于大规模人群的暴露评估。

不同于内暴露评估法，外暴露评估法基于的是潜在剂量-反应关系，是通过外暴露浓度、暴露时间、暴露途径等暴露参数来估算外暴露量的方法。相比内暴露评估法，外暴露评估法更适合大规模人群的暴露评估，同时随着监测网络的建立和卫星遥感反演等技术的发展和进步，外暴露评估在连续长时间的暴露评估方面优势显著，因此在国际环境健康风险评估工作中外暴露评估方法被广泛使用。

不同于 HRA，ERA 的情况相对复杂，不存在单独预测环境浓度（PEC）或每日总摄入量，实际上存在多个 PECs，这种复杂评估通常使用单一环境区间的 PECs 继续简化，如水、土壤、空气等。

因为受到化学品暴露危害的物种可能多达上百万种，这种复杂评估经常通过推导单一环境区间的 PEC 进行简化。

1.2.3.3 影响评估

影响评估，也称为剂量-反应关系评估，是指某一化学品在一定的暴露剂量、暴露水平与暴露条件下，产生不良健康效应的可能性与严重程度。它是通过动物实验或人群研究的数据去评估化学品暴露和健康效应之间存在的定量关系，以及用某种化学品剂量-反应量化数据预测其暴露后的效应，有时也涉及化学品的暴露程度和毒副作用或疾病程度之间的定量关系的描述。剂量-反应关系评估提供了将暴露信息转换为评估风险的数学基础。

该步骤需要获得用以评估和预测人类或环境的无影响水平（NELs）。在 HRA 中，风险评估仅关注人类一个物种，因此其不确定性主要限制于实验室哺乳动物和人类在敏感程度上的差异、暴露途径的变化和人个体间（种群内）的敏感度差异。而在 ERA 中，不同途径下，可能有成千上万的物种受到暴露的影响，因此可能会产生很多个 NELs，通常需要通过推导不同环境区间（水、土壤、空气等）的预期无效影响浓度（PNECs）来简化。

以 HRA 为例，在 HRA 中，评估的主要任务是获取所需评价的化学品的致癌效应或非致癌效应的剂量-反应关系的毒理学数据。按照毒理学作用方式可将有害化学品分为有阈化学品和无阈化学品两类。有阈化学品即已知或假设在一定剂量下，对动物或人不发生有害作用的化学污染物，阈值常用未观察到有害作用的最高剂量（No-observed Adverse Effect Level，NOAEL）和观察到有害作用的最低剂量（Lowest-observed-adverse Effect Level，LOAEL）进行推算。阈值主要应用于非线性剂量-反应关系评估，评估非致癌化学品的健康危害风险。在非线性剂量-反应关系评估中，所需要获得的最关键的指标为化学品的阈值，这个阈值可以是每日容许摄入量（ADI）或污染物的每日耐受摄入量（TDI），参考剂量（Reference Dose，RfD）或参考浓度（Reference Concentration，RfC）等。无阈化学品是已知或假设在大于零的任何剂量都可诱导出致癌效应的化学污染物，几乎每一种致癌物都没有这样的阈值，属于无阈化学品。在线性剂量-反应关系评估中，所需要获得的最关键的指标为化学品的查询斜率因子（Slope Factor，SF）或吸入途径单位风险因子（Inhalation Unit Risk Factor，IUR）。

剂量-反应关系评估有两个步骤，如图 1-2 所示。第一步是对所有的数据进行可用性评价，以便于确定现有的研究数据所涉及的剂量是否能够满足剂量-反应关系评估所需的剂量范围。现有数据的观察范围可能并没有包括鉴别出的对人群没有任何不良反应的剂量值。剂量-反应关系一般是在流行病学调查和动物实验资料的基础上估算出来的。第二步是使用现有研究或者从毒理数据库检索得到的毒理学数据，通过一定的方法，计算出相应的剂量-反应关系指标。根据化学品是否有阈值，暴露途径的不同，以及暴露时间的长短，计算方法也有所差别。

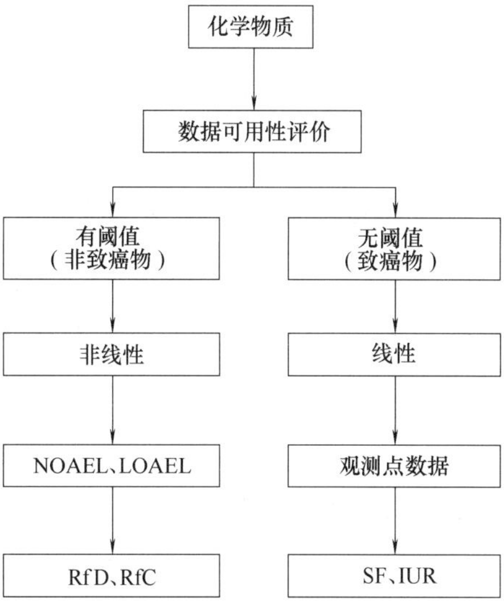

图 1-2　影响评估基本步骤与方法

（1）非线性剂量-反应关系评估

一般情况下，通过现有数据或者动物学实验可以获得化学品的 NOAEL 或者 LOAEL。由于一般人群多属低暴露，动物实验或流行病学研究的结果不能直接用来评估其效应，因此需要用不确定因子（Uncertainty Factors，UFs）将实验数据外推至人，这其中需要考虑物种差异、个人敏感度差异、暴露途径的变化、数据缺失及修正因子等因素，不确定因子的运用范围通常为 10～10000。UFs 的存在主要是由于实验室的测试只能覆盖人类种群或生态环境可能发生的不良反应的一部分，增加 UFs 可以使人类种群和大部分的生态系统得到更好的保障。阈值、NOAEL 和 LOAEL 的

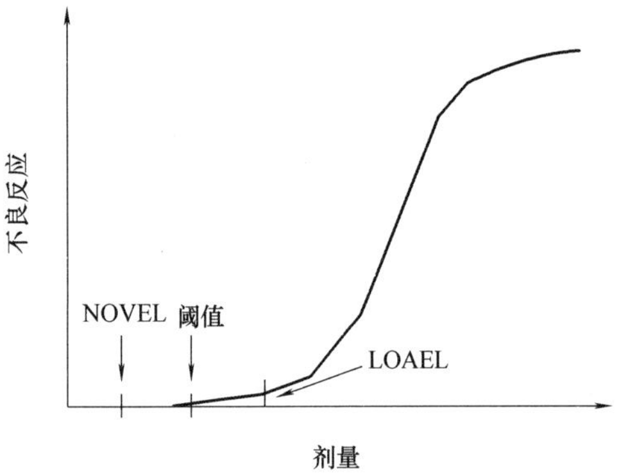

图 1-3　非线性剂量-反应关系

关系如图 1-3 所示。

根据化学品的暴露方式，USEPA 等机构将非线性剂量-反应关系评估分为慢性、亚慢性、短期、急性以及发育毒性几种情况，它们在计算方式上也存在一定的差异。

在非线性剂量-反应关系评估中也存在一些简化的方法，比如美国毒性物质与疾病登记局（ATSDR）用慢性吸入性最小风险水平（MRLs）作为慢性 RfC，中等水平吸入 MRLs 作为亚慢性 RfC。

（2）线性剂量-反应关系评估

在线性剂量-反应关系评估中，理论上在没有暴露的情况下，不会产生不良反应。但是只要有此种化学品的暴露，不论剂量多少都会有不良反应产生，而且随着暴露量的增加，危害发生的风险也相应增加，在评估时使用线性外推法作为一种折中方法。其处理方式为从观测点到原点（剂量与反应的值均为 0）作直线，如图 1-4 所示，从而得到该化学品的 SF 值，在暴露途径为吸入时，使用 IUR 表示。

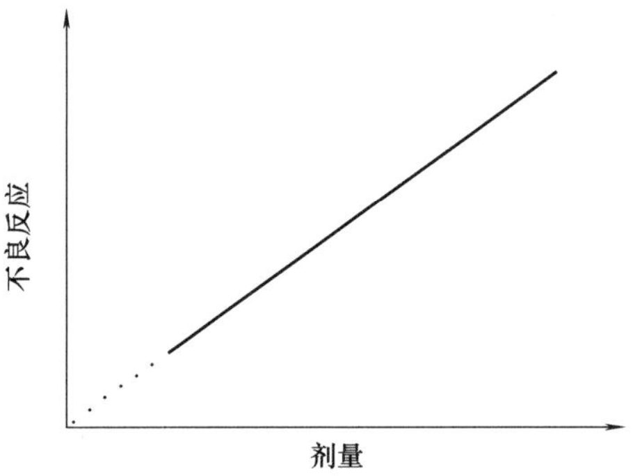

图 1-4　线性剂量-反应关系示意图

SF 是用于评价化学品的人类致癌风险应用最普遍的毒性数据。一般情况下，SF 是一生中每摄入一个单位的化学品引起可能性效应的近乎合理的评估上限。在环境健康风险评估中，SF 用于估计暴露于一定水平的可能致癌物后个体终生发展为癌症的可能性上限值。

在 ERA 中，比较常用的指标是预测环境浓度（PEC）和预测无效应浓度（PNEC）。PNEC 需要根据无观察效应浓度（NOEC）来获得，由于缺乏大多数化合物的 NOEC，目前生态风险评价中所用到的 NOEC 需要从急性毒性数据（LC50 或 EC50）来外推。围绕着无效应浓度 PNEC 的评估，生态风险评价方法主要有以下 3 种：以单物种测试为基础的外推法；以多物种测试为基础的微、中宇宙法；以种群或生态系统为基础的生态风险模型法。

1.2.3.4 风险表征

风险表征是根据化学品实际或预期的暴露情况，估算其可能对人类种群或环境区间造成危害的发生概率和严重程度。风险表征应遵循清晰性、透明性、一致性和合理性的原则，定性、定量地对风险进行描述，以评估各种暴露情况下可能产生的危害性，并最终提出完整的具有指导性的结论，为风险管理政策的制定提供可靠的科学依据。风险表征是前3个步骤的综合：利用定性、定量以及不确定性信息整合危害识别、影响评估、暴露评估的信息；提高评估的整体质量以及在风险评估和结论描述中的可信度；描述个体或种群所可能受到伤害的范围和严重性；将风险评估的结果传达给风险管理者。

在许多国际法规框架中，环境风险常表达为PEC/PNEC或类似的方式，也就是风险系数，如图1-5所示。而对于健康风险，通常采用比值，如暴露与NEL之比来表达。这些比值并不是绝对的衡量，当暴露水平超出了PNEC和NEL时，化学品的实际风险就无法确认了，而可以确定的是随着暴露/影响水平比值的增加，不利影响发生的可能性也会增加。国际上公认暴露/影响水平的比值可代替风险。按照目前的认知水平，尚无法获得精确的风险评估，既无法充分预测生态系统的不利影响，也不能准确预测哪一部分人群将受到不利影响，只能通过大体和简化的方式来评估风险。但是，在统一一致的简化评估方式下，可以对化学品的风险进行评估和排名，指导接下来的化学品管理阶段，选择安全的加工技术条件或化学品来替代危险的加工技术条件或化学品。

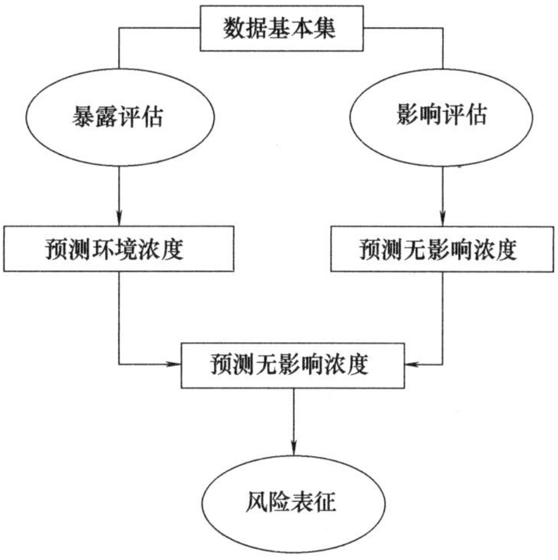

图1-5 风险表征：通过暴露和影响预测的一套系统程序示意图

1.2.3.5 风险分类

在获得风险表征之后，风险评估就将进入风险管理阶段，风险管理是风险评估的后续程序及最终目的，是在风险识别、分析、评估的基础上，综合考虑社会经济、风险效益等因素，通过制定政策及法律法规、实施干预等应对手段及措施，最大程度地减少风险并降低其对人群或环境不良影响的一系列过程。

风险分类是风险管理阶段的第一步，简单地来说风险分类的任务就是确定是否需要降低风险，即风险的“可接受性”。界定风险是否可接受的过程不是机械、一成不变的，它和与风险相关的技术、社会、文化、政治、教育和经济等因素密切相关，因此一种“风险”可能在一个国家可以接受，在另外一个国家则完全不可接受；在当前可被接受，在未来有可能不被接受。这也体现了风险管理的科学性和其背后的成本管理等综合性问题。

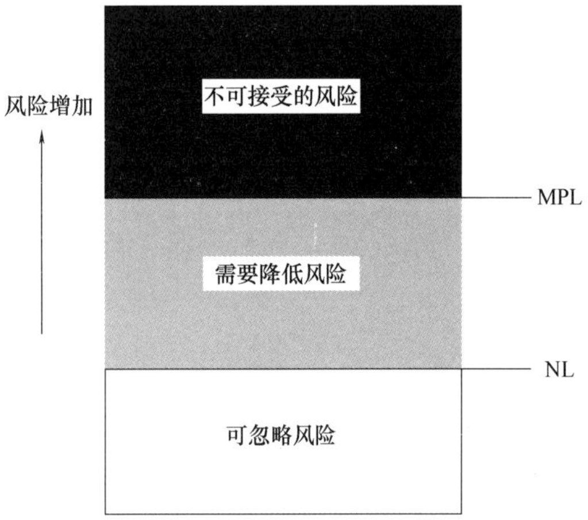

图 1-6　风险限度和风险降低示意图

风险的分类可以通过设置两个风险水平的方法实现，一个是上限，即最大允许水平（MPL）；一个是下限，即可忽略水平（NL）。在荷兰，化学品的风险下限通常被定义为上限的 1%，如图 1-6 所示。在两个风险水平之间存在 3 个区间：一个高风险区（黑色区域），一个中等风险区（灰色区域），一个低风险区（白色区域）。在高风险区，实际风险是不可接受的，必须采取进一步的风险管理措施。在低风险区，风险基本上处于可被忽略的水平，并不严格要求采取风险管理措施。而对于上限和下限之间的区间，风险管理者应该尽可能地采取有效的风险管理措施将风险降低，直到降低风险所花费的成本远远高于所获得利益。

1.2.3.6　风险降低措施的确定和风险效益分析

风险评级完成后，下一步就是确定、分析风险降低的措施，并最终选择适当的降低风险的措施。化学品的风险降低措施包括从生产过程或者化学品预定用途的少许改动，到化学品的生产或使用的完全禁止。风险降低是风险管理过程中最困难的一个步骤，因为需要设计很多的参量，风险管理者不仅要考虑风险评估的结果，还要考虑诸如技术可行性、社会和经济因素、道德和文化价值、政治因素、科学因素，等等。

风险降低措施必然会引发利益相关者的关注，这其中就必然涉及到风险沟通，即与利益相关者相互讨论风险和结果的过程。

在选择合理的干预措施降低风险时，还要进行成本效益分析（单位成本最大限度降低风险的行为），在此过程中要对消除的风险赋予价值（比如挽救的生命、延长的寿命）。成本效益分析在很多方面是非常有用的，特别是以优先级和有效性为基础对投资进行评估排序时，有益于风险管理者的决策。

1.2.3.7 风险降低

风险降低就是采取措施控制确定的风险，以保护人类或环境。这些措施实施前还应综合考虑有效性、实用性、监督、公平、行政简化、连贯性、公众接受程度等诸多因素。

（1）分类和标签

分类和标签制度（Globally Harmonized System of Classification and Labelling of Chemicals，GHS）可被作为化学品风险管理的第一个工具，化学品的通报人需要依据化学品固有的特性提供暂时的分类和标签。标签和分类是基于一系列的标准及基于这些标准的测试结果，分类和标签包含分配一个标志，风险短语和安全短语。

（2）安全和质量控制标准

安全标准和质量控制标准，如术语基准、指导方针、管理目标和标准，也是化学品控制的一种方法，这些标准的设立通常也是为了保护人类健康和环境。空气、水和土壤质量标准，工作场所空气质量标准等都属于该类。由于大多数安全和质量控制标准在国家治理中的特殊地位，其在风险降低中实际发挥了很重要的作用。

（3）其他措施

① 技术措施：比如生产和使用过程中的重新设计，封闭系统，人类和污染源的隔离，排空，通风，分离纯化技术，物理、化学和生物处理；

② 组织措施：比如某些特定的工作场所的限制，限制操作时间或工作活动、培训、监测和监视，工作地点禁止饮食和吸烟等；

③ 正常使用或安全使用的指示、信息和警告，包括上述的分类和标签；

④ 个人防护措施，如气体和尘埃过滤口罩、独立的空气设备、护目镜、手套和防护服；

⑤ 产品物质相关措施，如限制配方中或物品中的化学品的浓度；

⑥ 限制某种物质或产品使用的指令：可以限制某些化学品特定的应用和使用，如具有释放特性的用途。

1.2.3.8 监测和审查

监测和审查是风险管理过程的最后一个步骤。监测是根据事先安排的时间表，利用相应的标准化方法，在空间和时间上为确定一个或多个化学品或生物元素而进行的反复观测的过程。监测的目的是确保相关参数能够满足设定的标准，起到了重要的强制性作用。监测的目的包括：

① 控制功能：验证风险降低措施的有效性，并检查遵守情况；

② 信号后报警功能：能够探测人类健康和环境的突发改变；

③ 趋势（识别）功能：能够基于时间序列分析预测到未来的发展；

④ 仪器功能：帮助确认和理清基本过程。

除了监测外，还有许多其他的方法来审查环境和健康管理措施，比如：审计和检查、制定协议和方案、报告、市场调查、经济手段、产品注册、技术评估、性能测量、对人类健康和可持续发展的指标。

1.3 结语

风险管理是一个非常复杂的系统工程，如果没有足够的化学、毒理学和生物学知识，评估化学品的生产、使用和处置的相关风险是不可能的。此外研究风险管理还需要其他学科的参与，数学、统计学和信息学在解决、分析和量化常用模型，分析物质、物种和系统之间复杂的相互作用时发挥了重要作用，在环境暴露中甚至与物理、医学、地质、水文和流行病学也有关，如图 1-7 所示。风险评估是多学科团队的工作，风险管理也是一个多学科的进程。它从许多其他学科和不同类型、不同层次代表不同组织的专家和相关各方获取数据、信息和原理等，参与、告知和建议人们如何管理化学品潜在的风险。

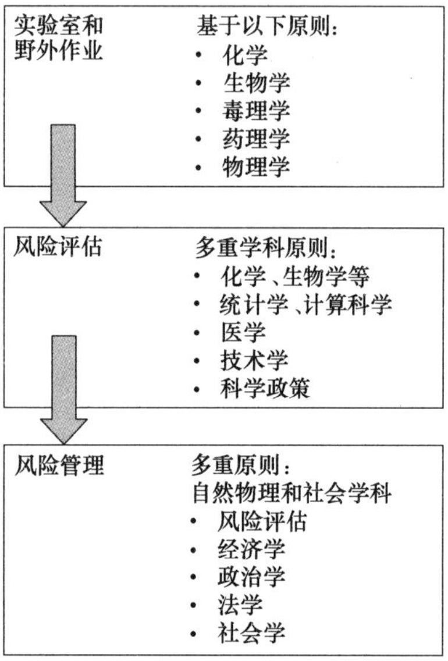

图 1-7　风险评估涉及的学科示意图

需要注意的是，虽然风险评估涉及很多科学的问题，但是从本质上来说，风险评估仍然存在很大的不确定性和变化性，基本数据信息的缺乏、测试的不确定性、观测条件的差异和模型的不充足，都会造成这种不确定性和变化性。然而，通过实施化学品风险评估可有效地揭示其可能带来的巨大甚至是不可逆转的危害，并提供降低和控制风险的方法。此外，由于化学品种类繁多，生产、使用情况千差万别，风险差异较大，通过风险评估可以对化学品的风险进行分类分级，筛选出优先管理的化学品。因此，风险评估应作为化学品管理的核心科学依据，不仅是形成国家化学品管理政策的基础，也是制定贯穿化学品生产、使用、消费、处置全生命周期风险消减具体措施的依据。

参考文献

[1] Hill J W, Petrucci R H, Mosher M D. General chemistry [M]. Upper Saddle River, NJ: Pearson Prentice Hall, 2005.

[2] C. J. van leeuwen, T. G. Vermeire. 化学品风险评估 [M]. 2版. 《化学品风险评估》翻译组译. 北京: 化学工业出版社, 2010.

[3] 雷炳莉, 黄圣彪, 王子健. 生态风险评价理论和方法 [J]. 化学进展, 2009, 21 (Z1): 350-358.

[4] Beamish F W H, Potter I C. Decision-making scheme for the environmental risk assessment of plant protection products. 6. Aquatic organisms [J]. Journal of Zoology, 2009, 177 (1): 57-72.

[5] 《化学品环境风险防控思路和对策研究》编制组. 化学品环境风险防控思路和对策研究 [M]. 北京: 中国环境出版社, 2014: 4-5.

[6] D Schwela. Risk assessment, human health [J]. Encyclopedia of Toxicology, 2014, 4: 158-164.

[7] 王心如. 毒理学基础 [M]. 北京: 人民卫生出版社, 2007.

[8] Hathcock J N, Shao A, Vieth R, et al. Risk assessment for vitamin D [J]. The American Journal of Clinical Nutrition, 2007, 85 (1): 6-18.

[9] Canada. Environmental Health Directorate. Biological safety factors in toxicological risk assessment [M]. Ottawa: Health and Welfare Canada, 1989.

[10] United Nations. Economic Commission for Europe. Secretariat. Globally harmonized system of classification and labelling of chemicals (GHS) [M]. New York: United Nations Publications, 2009.

第二章

国内外化学品管理

有毒有害化学品的危害贯穿于化学品的生产、使用、储存、销售（进出口）、运输乃至废物处置的整个过程，其安全管理主要是针对上述的各个环节制定法规，并采取一定的控制措施来进行。国际上化学品管理始于20世纪70年代中期，日本、美国等发达国家和欧洲等地区相继制定了本国关于化学品安全环保的法规。到20世纪80年代初期，围绕化学品的研发、生产、流通、使用、事故应急和废弃排放等生命周期过程，国际社会和发达国家普遍建立起一套化学品管理的法规体系和行动措施，优秀的化学品管理模式逐步形成，并得到了充分发展。

2.1 国际化学品管理的历史沿革

第二次世界大战后，合成化学品的生产和使用得到了快速发展。20世纪50年代，化学农药和化肥的使用迅速增长，不久就在农业领域占据了主导地位，其使用范围也迅速从高度发达的工业化国家逐步拓展到世界各地。同时，制造业也开始在消费品和工业品中大量使用合成化学品。

1956年，在日本水俣湾附近发现了一种奇怪的病。这种病症最初出现在猫身上，被称为“猫舞蹈症”。病猫步态不稳，抽搐、麻痹，甚至跳海死去，被称为“自杀猫”。随后不久，此地也发现了患这种病症的人。患者由于脑中枢神经和末梢神经被侵害，表现出与猫类似的症状。当时这种病由于病因不明而被叫作“怪病”。这种“怪病”就是日后轰动世界的“水俣病”，是最早出现的由于工业废水排放污染造成的公害病。1959年，日本政府才查清“水俣病”的致病源，当地企业在氯乙烯和醋酸乙烯的制造过程使用了含汞（Hg）的催化剂，致使排放的废水含有大量的汞。当汞在水中被水生物食用后，会转化成甲基汞（CH_3Hg），这些被污染的水生物通过食物链又进入了动物和人类的体内。甲基汞被肠胃吸收后，侵害脑部和身体其他部分，导致脑萎缩，并侵害神经细胞，进而破坏掌握身体平衡的小脑和知觉系统。据统计，有数十万人食用了水俣湾中被甲基汞污染的鱼虾。

20 世纪 60 年代，合成化学工业兴起造成的环境危害问题开始逐渐凸显。1962 年，美国海洋生物学家 Rachel Carson 发表了《寂静的春天》，该书揭示了由滴滴涕（DDT）等有机氯农药引发的生态和环境危机，记录了这些化学品对鸟类和生态系统的破坏。Carson 使用了大量的笔墨来描述农药等合成化学品对自然系统的影响，同时提供了农药对人类的有毒有害影响、致癌性以及引发其他疾病方面的信息和论据。尽管该书的出版遭到了不少化学厂商的威胁和阻挠，但是 Carson 所要传达的信息在公众中占据了非常重要的地位，许多国家的公众开始对政府施加压力，希望政府能够通过立法来改变化学品生产模式和使用方式。《寂静的春天》在美国甚至全世界都引发了激烈的讨论和普遍的关注，直接导致了世界发达国家对化学品环境问题的关注。《寂静的春天》出版之前，人类话语中找不到“环境保护”这个词组，公共政策中也见不到与“环境”相关的条款。人们根本没有意识到环境是需要保护的对象。Carson 的书吹响了人类环境保护的第一声号角，该书也被公认为是人类历史上最重要的十本书之一。

1966 年，瑞典研究学者 Soren Jensen 博士在调查 DDT 的过程中，偶然发现瑞典白尾海雕的肌肉中含有不明分子。食鱼海雕体内的这些不明分子的含量明显高于同片海域中鱼体内该分子的含量。由此，他得出结论：这些分子一定持久存在于活组织中，不易分解。这些神秘的化学品具有极强的抗降解性，即使在浓硫酸中煮沸也不受影响。此后，Jensen 对此进行了长达两年的研究，最终证明该类物质为多氯联苯（PCBs）。1969 年 Jensen 公布了其研究结果，他的研究显示，自多氯联苯大规模生产后，在超过 37 年的时间里，大量多氯联苯已进入环境，随着食物链进行生物蓄积。

早在 20 世纪 20 年代，公共卫生专家便已推测家用油漆和汽油添加剂中含有的铅可能对儿童和工人的健康造成危害。1921 年，国际联盟第三届国际劳工大会建议禁止在室内使用含铅的油漆，各国在 6 年内完成了这项提议的签署，到 1940 年，全球有 24 个国家正式同意这项提议。然而，对于大多数国家而言，本国的铅工业及其贸易协会成功地维护了其产品的生产和铅的继续扩大使用，含铅油漆和汽油仍在相当长的时间内大范围地使用。直到 20 世纪 70 年代，关于铅暴露的研究出现了新的进展，美国科学家 Lanphear、Canfield、Needleman 等人的多项研究发现，儿童的低剂量铅暴露也是一个非常重要的问题，它会降低儿童智商、分散儿童的注意力、延迟儿童对语言的掌握能力，骨铅含量高的孩子行为还更加具有攻击性，容易犯罪。由此，1978 年，美国全面禁止了含铅汽油的生产、使用和销售。

Rachel Carson、Soren Jensen 和 Needleman 等科学家的研究，提高了科学界、公众和政

府管理部门对有毒化学品暴露影响的认识。越来越多的公众开始对政府施加压力，要求对农药、有毒化学品及其他化学品污染进行立法管制。作为回应，许多高度工业化的国家逐步立法禁止了 DDT、PCBs 以及含铅油漆、汽油的生产和使用。同时，许多国家开始立法控制农药的使用，并对有害物质、水污染、空气污染和废弃物实施管理。在此过程中，许多国家还首次建立了环境保护部门和机构。1972 年，联合国在瑞典斯德哥尔摩召开了第一届关于环境的国际会议，并成立了专门的环境管理部门——联合国环境规划署(United Nations Environment Programme，UNEP)。

到了 20 世纪 80 年代中期，化学品安全方面的国际行动和倡议已经非常普遍，其中一些运动与地区的生态系统息息相关。研究这些生态系统的科学家发现，人造有毒化学品正在造成非常严重的破坏，生态系统中的鱼类、鸟类和其他野生动物种类正在减少。这些有毒污染物通过排水管直接排放到农田和城市，对人类也产生了严重的健康危害。

随着产品中有毒化学品危害的逐渐显露，人们对于化学品的忧虑不再仅限于化学品事故、工业污染、有毒农药和化学品污染，对于消费品中有毒化学品暴露方面的忧虑也在不断增加。其中，广泛用作乙烯基塑料产品的增塑剂和化妆品原料组分的邻苯二甲酸酯类物质引起公众的广泛关注，室内装潢用品和塑料制品中使用的溴化阻燃剂以及用来制作聚碳酸酯塑料的双酚 A 也成为了关注的焦点。一些国家和地区相继建立了较为完善的化学品相关法规，然而由于化学品引发的危害没有得到足够重视，这些立法仍略显不足。

到 20 世纪 90 年代后，化学品安全问题得到了越来越多的国家和地区的重视，联合国陆续制定了多项国际化学品公约和协定，对化学品生产、运输、储存、使用、销售、进出口直至废物处置等各个环节提出了国际规范，以加强和推动全球化学品安全管理。这些国家化学品公约和协定主要有：1985 年通过的《保护臭氧层维也纳公约》以及 1987 年通过的《关于消耗臭氧层物质的蒙特利尔议定书》旨在采取预防性措施，减少耗损臭氧层物质的排放以保护臭氧层；1985 年通过的《国际农药供销与使用行为守则》旨在为从事农药销售和使用的所有公共和私人团体建立自愿行为标准；1988 年通过的《联合国禁止非法贩运麻醉药品和精神药物公约》旨在采取措施监控这两类药品的国际贸易和对合格贸易做出适当标签和文件记录；1989 年通过的《关于控制危险废物越境转移及其处置巴塞尔公约》旨在控制危险废物对人类健康和环境造成的威胁，严格监控危险废物的跨境转移，并要求缔约方以环境无害化方式管理和处置这些废物；1990 年通过的《作业场所安全使用化学品公约》(第 170 号公约) 旨在保护工作场所的工人避免化学品的有害影响；1993 年通过的《预防重大工业事故公约》(第 174 号公约) 旨在预防危险品重大事故，保护公众和环境，避免重大工业事故造成的危险；1996 年通过的第一版《关于危险货物运输的建议书·规章范本》，从运输安全角度将危险品分为 9 大类；1997 年生效的

《关于禁止发展、生产、储存和使用化学武器及销毁此种武器的公约》旨在禁止开发、生产、储存和使用化学武器，销毁现有的化学武器及相关设施并规定了核查措施；1998 年通过的《关于在国际贸易中对某些危险化学品和农药采用事先知情同意程序的鹿特丹公约》（以下简称《鹿特丹公约》）旨在对某些危险化学品和农药采用预先知情同意（PIC）程序，促进缔约国之间分担安全监管责任和开展合作；2001 年通过的《关于持久性有机污染物的斯德哥尔摩公约》（以下简称《斯德哥尔摩公约》）旨在保护人类环境和健康免受持久性有机污染物的危害；2002 年通过的《全球化学品统一分类和标签制度》旨在为化学品分类和标签制度制定国际统一的标准；2006 年通过的《国际化学品管理战略方针》旨在促进 2020 年目标的实现，即“最迟到 2020 年，对化学品整个生命周期进行良性的管理，尽可能将使用和生产化学品对人类健康和环境的影响减小至最低”。

2.2 国际化学品环境管理的趋向

从采取的行动措施来看，在不同的管理阶段，国际化学品环境管理呈现不同的趋向，主要可以分为以下 6 个方向。

2.2.1 进一步强化和完善化学品环境管理立法

为了保证危险化学品安全生产，减少其对人类健康和环境造成的危害，在 20 世纪 80 年代中期，日本、美国和欧洲等发达国家和地区普遍建立了一套化学品安全和环境管理法规体系。目前各国正在根据本国可持续发展的目标，调整化学品管理方针、政策和战略，进一步强化和完善本国的化学品安全立法。

2.2.2 禁止和淘汰高危险性化学品的生产和使用

近年来，美国、日本、韩国等国家和欧盟根据化学品的生产量、化学品对人类和生物的毒性、生物蓄积性、环境持久性以及对公众和社会的重要性等因素，从现有化学品中筛选出一些具有高致癌、致突变、生殖毒性或具有难生物降解性、高生物蓄积性和环境持久性，可能严重危害人体或生态环境的物质进行重点管理，对其制定禁用、严格限用和登记许可等制度。各国重点管理的危险化学品一般具有以下特性。

(1) 对人类具有严重致癌性、致突变性、致畸性（CMR 化学品）。例如，目前已被国际癌症研究机构（IARC）等权威机构评价认定为属于人类致癌物（第 1 类）和很可能是人类致癌物（第 2A 类）的化学品有 211 种。

(2) 具有高急性毒性和生态毒性。例如，已被列入《鹿特丹公约》事先知情同意控制名单的甲胺磷、对硫磷、甲基对硫磷、磷胺等剧毒农药。这些剧毒农药在使用时，经一次或多次暴露后在短时期内可以观察到对人体健康或环境产生的严重影响。

(3) 具有高生物蓄积性、环境持久性和生态毒性。例如，艾氏剂、六氯苯、DDT、多氯联苯等 12 种已经被列入《斯德哥尔摩公约》控制名单的化学品。这些化学品不仅对生物有较高毒性，而且具有难生物降解性、高生物蓄积性和环境持久性。它们一旦进入环境，会长期滞留在环境中并蓄积在生物体内，通过食物链对人和其他高级食肉动物（哺乳动物和鸟）造成危害。

(4) 具有毒性、易燃性、爆炸性和环境危险性。生产或储存数量超过一定阈限量（临界量）时可能构成重大危险源的化学品，一旦发生事故，会对人体和环境造成特别严重的危害。例如，欧盟在防止重大事故塞维索指令Ⅱ中列出的易燃、爆炸、有毒、致癌和环境危险性化学品有 48 种。

2.2.3 从末端治理向污染预防的转变

20 世纪 90 年代初，随着科学技术的迅速发展和生产能力的逐步提高，发达国家化学工业面对日益增多的有毒有害废物，越来越显得力不从心，相关的化工企业发现，要继续减少残余污染物的排放，必须采用越来越复杂的末端污染控制技术，且需要增加更多的费用。因此，化工企业开始审视其整个生产工艺，力求找到更为经济有效的方法，以减少需末端处理的污染物数量和成本。

与此同时，各国政府对工业废物管理的重点也由末端治理转向在源头实行污染预防。推行污染预防和清洁生产开始成为化学工业在实现环境改善的同时保持竞争性和可营利性的核心手段之一，引起了世界各国化工公司的普遍重视。近年来，作为污染预防战略的一部分，国外化工公司首先强调发展绿色化工技术，采用无废或低废的清洁生产工艺，改进生产操作控制等源头削减措施，预防污染的产生。对于无法预防的废物和污染物，则尽量在生产工艺内部进行废物的循环和回收利用，只有对实在无法回收利用的废物才采取污染控制措施进行处理处置。这已经成为国外化工公司控制化工生产中污染物的准则和基本方针。

2.2.4 落实生产企业的环境责任、发展绿色化工技术

近年来，各国政府和化工行业一直在考虑采用一种更全面的管理方法来防止化学品在整个生命周期中对人体健康和环境的危害。这种管理方法要求化工企业将他们生产、销售的化学产品在整个生命周期所涉及的潜在风险信息提供给后面涉及的所有用户，并要求生产企业对其产品实行监督管理和承担最终的责任。

各国政府还与工业部门合作制定政策，引导开发与设计对人和环境更安全的化学品。例如，各国政府对“可持续化学”“绿色化学”项目的研究与开发采取了减税政策或者降低对绿色的新化学品的申报费用（以及预计的法规审查费）等经济刺激政策，以利于促进开发环境友好的化学品。

绿色化学也是未来化工行业的发展方向。绿色化学是通过设计，将原料中每个原子转化成产品，不产生任何废物和副产品，实现废物的“零排放”或者通过高选择性的化学反应提高反应产物的收率，并使反应产物易于分离回收，以便尽可能地节约原料、资源，最大限度地减少副产物和废物的生成和排放。

绿色化学要求在化学反应中尽可能采用无毒无害的原料、催化剂和溶剂以及可再生的资源，以消除和避免污染危害。此外，绿色化学还要求设计、生产和使用环境友好的产品，这种产品在加工、使用和功能消失后均不会对人体健康和环境产生危害。

2.2.5 鼓励公众知情与参与

在化学品的风险管理中，风险沟通是一项非常重要的工作。联合国环境与发展大会通过的《21 世纪议程》中强调：“对化学品危险性的广泛认识是实现化学品安全的先决条件之一。应当保持公众和工人对化学品危险性有知情权的原则。”

近年来，为了扩大危险化学品安全信息传递的范围，加强全球化学品的安全管理，联合国有关机构发布了一系列化学品安全基准、指南和化学品安全卡片，并通过官方网站向各国主管部门、化学品使用者和公众提供相关信息。例如，联合国国际化学品安全规划署（IPCS）发布了《环境卫生基准》《卫生与安全指南》等。此外，一些发达国家

还通过建立重大危险源安全报告制度、推进实施化学品安全数据说明书（MSDS）和安全标签制度以及建立污染物释放和转移登记制度等手段，向化学品生产和使用企业、从业人员、消费者等普及化学品安全信息。

2.2.6 推行“责任关怀”制度，促进安全、健康和环境保护

“责任关怀”是1985年由加拿大化学制造商协会（CCPA）提出的理念，是指工业界和化工企业应当对社区公众做出对化学品安全、健康和环境管理的承诺，并持续加以改善。其核心内容是实行10项指导原则，即：

① 不断提高企业健康、安全、环境的认知和行为意识，持续改进生产工艺，提升产品在使用周期中的性能表现，避免对人和环境造成伤害；

② 有效利用资源，注重节能减排，将废弃物降至最低；

③ 充分认识社会对化学品以及运作过程的关注点，并对其做出回应；

④ 研发和采用工艺先进、能够安全生产、运输、使用以及处理的化学品；

⑤ 与用户共同努力，确保化学品的安全使用、运输及处理；

⑥ 向政府部门、员工、用户以及公众及时通报与化学品有关的健康、安全和环境危害信息，并且提出有效的预防措施；

⑦ 迅速及时地向政府官员、企业员工、客户和公众报告与化工产品有关的健康或环境危害信息，并推荐防护措施；

⑧ 向客户提供安全使用、运输和处置化工产品的建议；

⑨ 以保护环境、员工及公众安全和健康的方式运营自己的工厂和生产设备；

⑩ 开展和支持研究化工产品、生产工艺或废物对健康、安全和环境的影响；

⑪ 与其他人合作解决以往处置危险物质产生的问题；

⑫ 参与政府和其他部门制定法律、法规和标准，保护公众、工作场所和环境。

30多年来，“责任关怀”制度在50多个国家和地区得到了普遍的推广，几乎所有跻身世界500强的化工企业都践行了这一理念，促进了安全、健康和环境保护工作。

2.3 国际化学品管理

1972年，联合国在斯德哥尔摩召开了第一届关于环境的国际会议，并成立了专门的

环境管理部门——联合国环境规划署（UNEP），由此拉开了国家间化学品管理合作的序幕。UNEP 针对化学品生产、运输、储存、使用、销售、进出口直至废物处理等各个环节提出了国际规范，陆续制定了多项国家化学品公约和协定，推动了全球化学品的安全管理。进入 21 世纪后，化学品环境管理已趋于形成国际协调统一的战略和行动步骤，主要体现在三个方面：化学品环境管理国际公约的广泛签署（如《斯德哥尔摩公约》）；全球统一的化学品分类和标识系统（Globally Harmonized System of Classification and Labelling of Chemicals，GHS）的逐步推广；国际化学品管理战略步骤的制定和实施（Strategic Approach to International Chemicals Management，SAICM）。

2.3.1 《斯德哥尔摩公约》

持久性有机污染物（Persistent Organic Pollutants，POPs）是指天然或人工合成的，能够抗光降解、物理化学降解及生物降解，具有毒性、生物蓄积性和半挥发性，并且能够在大气环境中长距离迁移并沉积到地球的偏远极地地区，对人类健康和生态环境具有严重危害的有机化学污染物质。最近 10 多年的研究表明，持久性有机污染物已经广泛存在于全球各地。UNEP 将持久性有机污染物视为“世界面临的最大的环境挑战之一”。

《斯德哥尔摩公约》的全称是《关于持久性有机污染物的斯德哥尔摩公约》，也称为 POPs 公约，它是国际社会鉴于持久性有机污染物对全人类可能造成的严重危害，为淘汰和削减持久性有机污染物的生成和排放、保护环境和人类免受持久性有机污染物的危害，经过数年谈判后于 2001 年 5 月 22 日在瑞典首都斯德哥尔摩举行的《斯德哥尔摩公约》全权代表大会上签署的一项国际环境公约。2004 年 5 月 17 日，《斯德哥尔摩公约》正式生效。截至 2021 年，全球已有 180 个国家和地区加入了这一公约。

《斯德哥尔摩公约》文本共分序言、30 项条款和 6 个附件，详细规定了缔约方淘汰 DDT 等杀虫剂类持久性有机污染物、处置和无害化管理多氯联苯、采取措施持续减排二噁英、对含持久性有机污染物的废物和污染场地进行环境无害化管理等各项义务和具体时限，是一份具有强制削减时间表的重要国际化学品公约，对缔约方的履约能力提出了很高要求。《斯德哥尔摩公约》的签署正式启动了全人类向持久性有机污染物的宣战。

《斯德哥尔摩公约》在签订之初就列出了一个包含 12 种化学品的清单，其后，又先后在 2009 年、2011 年、2013 年、2015 年共计增加了 12 种化学品。至此，列入清单的持久性有机污染物已达 24 种。根据这些物质的生产用途和公约控制要求，这 24 种物质可以分为农药类、工业化学品类和非故意排放副产物三大类（表 2-1）。

表 2-1　　《斯德哥尔摩公约》管制的持久性有机污染物

附件 A：需消除的有意生产或使用的物质		
艾氏剂[a]	氯丹[a]	十氯酮[a]
狄氏剂[a]	异狄氏剂[a]	七氯[a]
六溴联苯[b]	六溴环十二烷[b]	六溴联苯醚和七溴联苯醚[b]
六氯苯[a,b]	六氯丁二烯[b]	α-六氯环己烷[a]
β-六氯环己烷[a]	林丹[a]	灭蚁灵[a]
五氯苯[a,b]	全氟辛烷磺酸及其盐类和酯类[a]	多氯联苯[b]
多氯化萘[b]	硫丹及其同分异构体[a]	四溴二苯醚和五溴二苯醚[b]
毒杀芬[a]		
附件 B：需限制的有意生产或使用的物质		
滴滴涕[a]	全氟辛烷磺酸及其盐类和酯类[b]	
附件 C：无意生产或使用的物质		
六氯苯[c]	五氯苯[c]	多氯联苯[c]
二噁英[c]	多氯代二苯并呋喃[c]	多氯化萘[c]
评估中化学物质		
十溴联苯醚	全氟辛酸及其盐类和相关化合物	短链氯化石蜡
三氯杀螨醇		

注：a 类为农药类，b 类为工业化学品类，c 类为非故意排放副产物。

我国政府高度重视持久性有机污染物的淘汰、削减和控制工作，也是《斯德哥尔摩公约》的首批签署国之一。为确保我国有效履行《斯德哥尔摩公约》，国务院于 2005 年 5 月批准成立了以环保部牵头，由外交部、发展改革委员会、科技部、财政部、建设部、商务部、农业部、卫生部、海关总署和电监会共 11 个相关部委组成的国家履行《斯德哥尔摩公约》工作协调组。环保部还先后组织召开 3 次区域座谈会、5 次国际环境技术协调会，征求全球环境基金、联合国工业发展组织、联合国开发计划署、联合国环境规划署、世界银行、联合国粮农组织、联合国培训研究所等国际组织以及北京大学、清华大学、中科院生态中心、北京师范大学、中国环境科学研究院、国家环保总局政研中心等科技机构的意见。编制的《中华人民共和国履行〈关于持久性有机污染物的斯德哥尔摩公约〉国家实施计划》（以下简称《国家实施计划》）2007 年 4 月获得国务院正式批准，并提交《斯德哥尔摩公约》秘书处，成为我国《斯德哥尔摩公约》履约工作的总体行动指南。

《国家实施计划》的执行总体上进展顺利，我国已经完成了全部有意生产和使用的有机氯农药类持久性有机污染物的淘汰工作；基本查明了重点行业的二噁英排放情况；完善了 POPs 废物的环境无害化管理与处置支持体系。限制或禁用的化学品中仅有全氟辛基磺酸及其盐类和全氟辛基磺酰氟（PFOS/PFOSF）和硫丹在我国还有生产和使用。2019 年 11 月，我国发展和改革委员会将 PFOS 及其盐类和 PFOSF 列为落后产品。2019 年我国发布的《关于持久性有机污染物（POPs）的斯德哥尔摩公约》中，为全面落实《关于持久性有机污染物（POPs）的斯德哥尔摩公约》，将禁止林丹和硫丹的生产、流通、使用和进出口，同时禁止全氟辛基磺酸及其盐类和全氟辛基磺酰氟除可接受用途外的生产、流通、使用和进出口。在 2013 年，中国申请了 5 年保留硫丹生产豁免的时限，用于防治棉花棉铃虫和烟草烟青虫，至此，硫丹在中国被全面禁止。

2022 年 1 月 24 日，在生态环境部例行新闻发布会上，生态环境部表示，2021 年是中国签署《关于持久性有机污染物的斯德哥尔摩公约》20 周年，中国已经完成《斯德哥尔摩公约》全面淘汰 20 种类持久性有机污染物的履约任务，取得了一系列的成绩。

一是建立国家履约协调机制。生态环境部牵头成立国家履行《斯德哥尔摩公约》工作协调组，建立国家履约专家委员会，强化属地责任，落实企业主体责任，全面协调开展履约工作。

二是强化持久性有机污染物的淘汰和削减。淘汰六溴环十二烷等 20 种类 POPs，清理处置历史遗留的上百个点位 10 万余吨 POPs 废物，提前 7 年完成含多氯联苯电力设备下线和处置的履约目标。全国主要行业二噁英排放强度大幅下降。

三是推动行业高质量发展。强化 POPs 替代品和替代技术的研发和应用，助力钢铁、化工、造纸、建材等 10 余个行业绿色转型升级。履约行动每年减少数十万吨 POPs 的生产和环境排放。中国环境和生物样品中有机氯类 POPs 含量水平总体呈下降趋势。

四是环境保护部深入参与《斯德哥尔摩公约》下各项规则和技术文件的制定，面向发展中国家开展履约技术培训和能力建设，分享中国履约经验。

下一步，中国将进一步强化履约顶层设计，一如既往严格践行履约承诺，深入参与全球行动。

2.3.2 《鹿特丹公约》

20 世纪 60 年代到 70 年代，化学品国际贸易快速增长，由此带来的有毒有害化学品使用风险也在急剧增加。一个例子就是农药在发展中国家没有专门的技术或必要的措施来确保它们的安全使用。为应对农药的潜在风险，联合国粮食及农业组织（FAO）于 1985 年颁布了《国际农药供销与使用行为守则》（以下简称《国际行为守则》），联合国环境规划署（UNEP）于 1987 年颁布了《关于化学品国际贸易资料交换的伦敦准则》（以下简称《伦敦准则》)，使许多国家的技术机构对本国使用的一些有害化学品进行测试及风险评估，得到很多有关资料。有些国家通过立法对某些极危险的化学品和农药的使用加以控制。

1989 年，FAO 对《国际行为守则》、UNEP 对《伦敦准则》进行了修正（以下简称《经修正的伦敦准则》)，均加入了事先知情同意程序并实施。事先知情同意指的是为保护人类健康和环境目的而被禁用或严格限用的化学品，其国际运输不得在未经进口国指定的国家主管当局同意或在违反其决定的情况下进行的原则。为了确保它的实施，又增加了禁用或严格限用的化学品的国际贸易资料交流和出口。

鉴于需要采取强制性控制措施，出席 1992 年里约地球首脑会议的官员们通过了《21 世纪议程》第 19 章，其中呼吁在 2000 年前通过关于采用知情同意程序的具有法律约束力的文书。为此，FAO 和 UNEP 分别于 1994 年和 1995 年授权其各自组织的行政首长发起谈判，谈判于 1996 年 3 月开始，到 1998 年 3 月结束，最终确定了《关于在国际贸易中对某些危险化学品和农药采用事先知情同意程序的鹿特丹公约》(简称《鹿特丹公约》，又称《PIC 公约》）的正式文本，并于 1998 年 9 月在荷兰鹿特丹获得通过，2004 年 2 月 24 日生效。目前《鹿特丹公约》共有 162 个缔约方。中国于 1999 年 8 月签署了该公约，2005 年 3 月 22 日交存批准书，2005 年 6 月 20 日，该公约正式在我国生效。

《鹿特丹公约》制定的目的是监督和控制世界各国在国际贸易中对某些极危险的化学品和农药的使用，加强各缔约方之间就这些极危险的化学品和农药的特性的资料交流，促进各缔约方在此类化学品的国际贸易中分担责任和开展技术合作，推动以无害环境的方式加以安全使用，推动各国采取良好的化学品管理措施，防止在国际贸易中的某些危险的化学品和农药对人类健康和环境产生有害影响，使贸易和环境政策相辅相成，以实现可持续发展。

《鹿特丹公约》由 30 条正文和 7 个附件组成。其核心是要求各缔约方对某些极危险的化学品和农药的进出口实行一套决策程序，即事先知情同意 PIC 程序。公约主要的管理对象是禁用或严格限用的化学品以及极危险的农药制剂，并公布了管控的化学品清单。《鹿特丹公约》在附件Ⅲ中列出了需要采用 PIC 程序的公约管制化学品清单，纳入清单的化学品包括因健康或环境影响被两个或更多缔约国禁止或严格限制使用的工业化学品、农药和极危险的农药制剂以及经缔约方大会讨论决定实行 PIC 程序的工业化学品、农药和极危险的农药制剂。截至目前，该清单共纳入了 53 种（类）化学品，包括 33 种农药化学品、3 种极为危险的农药制剂和 17 种工业化学品，具体见表 2-2。PIC 清单是开放的，规定了向清单中增加化学品和删除化学品的程序。

表 2-2 《鹿特丹公约》管控化学品清单

序号	化学品	CAS 号
	农药	
1	2,4,5-涕及其盐和酯类	93-76-5
2	甲草胺	15972-60-8
3	涕灭威	116-06-3
4	艾氏剂	309-00-2
5	谷硫磷	86-50-0
6	乐杀螨	485-31-4
7	敌菌丹	2425-06-1
8	克百威	1563-66-2
9	氯丹	57-74-9
10	杀虫脒	6164-98-3
11	乙酯杀螨醇	510-15-6
12	滴滴涕	50-29-3
13	狄氏剂	60-57-1
14	二硝基-邻-甲酚(DNOC)及其盐类	534-52-1
15	地乐酚及其盐类和酯类	88-85-7
16	1,2-二溴乙烷(EDB)	106-93-4
17	硫丹	115-29-7
18	二氯乙烷	107-06-2
19	环氧乙烷	75-21-8
20	敌蚜胺	640-19-7
21	六六六(混合异构体)	608-73-1
22	七氯	76-44-8
23	六氯苯	118-74-1
24	林丹	58-89-9
25	汞化合物,包括无机汞化合物,烷基汞化合物和烷氧烷基及芳基汞化合物	—
26	甲胺磷	10265-92-6
27	久效磷	6923-22-4
28	对硫磷	56-38-2
29	五氯苯酚及其盐和酯类	87-86-5
30	甲拌磷	298-02-2
31	毒杀芬	8001-35-2
32	三丁基锡化合物	1461-22-9, 1983-10-4, 2155-70-6, 24124-25-2, 4342-36-3, 56-35-9, 85409-17-2

续表

序号	化学品	CAS 号
极为危险的农药制剂		
1	含有以下成分的可粉化混合粉剂:含量等于或高于 7%的苯菌灵,含量等于或高于 10%的虫螨威,含量等于或高于 15%的福美双	137-26-8,1563-66-2,17804-35-3
2	磷胺(有效成分含量超过 1000g/L 的可溶性液剂)	13171-21-6(混合物,*E* 和 *Z* 异构体),23783-98-4(*Z* 异构体),297-99-4(*E* 异构体)
3	甲基对硫磷(有 19.5%、40%、50%和 60%活性成分的对硫磷甲基可乳化浓缩体的某些制剂和有 1.5%,2%和 3%活性成分的粉尘)	298-00-0
工业化学品		
1	阳起石	77536-66-4
2	直闪石	17068-78-9,77536-67-5
3	铁石棉	12172-73-5
4	青石棉	12001-28-4
5	透闪石	77536-68-6
6	八溴联苯醚商业混合物:六溴联苯醚、七溴联苯醚、八溴联苯醚、九溴联苯醚、十溴联苯醚	36483-60-0,68928-80-3
7	五溴联苯醚商业混合物(四溴联苯醚和五溴联苯醚)	32534-81-9,40088-47-9
8	六溴环十二烷	134237-50-6, 134237-51-7, 134237-52-8, 25637-99-4, 3194-55-6
9	全氟辛烷磺酸、全氟辛烷磺酸盐、全氟辛烷璜胺、全氟辛烷磺酰氯	1691-99-2,1763-23-1,24448-09-7,251099-16-8, 2795-39-3, 29081-56-9, 29457-72-5, 307-35-7, 31506-32-8,4151-50-2,56773-42-3,70225-14-8
10	多溴联苯(PBB)	36355-01-8,27858-07-7,13654-09-6
11	多氯联苯(PCB)	1336-36-3
12	多氯三联苯(PCT)	61788-33-8
13	短链氯化石蜡	85535-84-8
14	四乙基铅	78-00-2
15	四甲基铅	75-74-1
16	所有三丁锡化合物包括:三丁锡氧化物、三丁锡氟化物、三丁锡甲基丙烯酸 - 三丁锡苯甲酸、三丁锡氯化物、三丁锡亚油酸、三丁锡环烷酸	1461-22-9, 1983-10-4, 2155-70-6, 24124-25-2, 4342-36-3,56-35-9,85409-17-2
17	三(2,3-二溴丙磷酸酯)磷酸盐	126-72-7

公约规定，进行危险化学品和化学农药国际贸易的各方必须进行信息交换。进口国有权获得其他国家禁用或严格限用的化学品的有关资料，从而决定是否同意、限制或禁止某一化学品将来进口到本国，并将这一决定通知秘书处和出口国。出口国将把进口国的决定通知本国出口部门并作出安排，确保本国出口部门货物的国际运输在不违反进口国决定的情况下进行。进口国的决定应适应于所有出口国。出口方需要通报进口方及其他成员其国内禁止或严格限制使用化学品的规定。发展中国家或转型国家需要通知其在处理严重危害化学品时面临的问题。计划出口在其领土上被禁止或严格限制使用的化学品的一方，在装运前需要通知进口方。出口方如出于特殊需要而出口危险化学品，应保证将最新的有关所出口化学品安全的数据发送给进口方。各方均应按照公约规定，对“预先知情同意”中涵盖的化学品和在其领土上被禁止或严格限制使用的化学品加注明确的标签信息。各方开展技术援助和其他合作，促进相关国家加强执行该公约的能力和基础设施建设。

我国政府指派生态环境部、农业农村部作为履行《鹿特丹公约》的官方联络点。生态环境部化学品司、农业农村部农药检定所分别作为化学品和农药的指定国家主管部门（DNA），负责履约的日常和技术工作，我国自 2005 年加入公约以来，每年派人员参加化学品评审委员会和缔约方大会，并推选了化学品评审委员会的专家，在国际谈判、履约等方面积累了丰富的实战经验，形成了由生态环境部、农业农村部、外交部、工业和信息化部、应急管理部等多部门分工协作的履约机制。

我国是农药生产、出口大国，每年农药产量的六成左右用于出口。目前，我国出口的农药品种中有 10 个是公约履约产品。其中，公约附件Ⅲ列表农药有甲草胺、涕灭威、克百威、敌百虫、甲拌磷 5 种；我国禁用或严格限用农药仍在出口的有百草枯、甲磺隆、2，4-滴丁酯、溴甲烷、杀扑磷等 5 种。2020 年 1 月 9 日，农业农村部农药检定所发布了《关于在办理农药出口通知单工作中进一步加强〈鹿特丹公约〉履约程序的注意事项》，明确了企业在办理履约产品的放行单时，需要补充提交相应的履约材料。一是对于附件Ⅲ列表产品，进口国已有“进口决定”的，按照进口国的要求提供材料；进口国尚无进口决定的，企业应提供该农药品种在进口国的农药登记证明或进口国允许进口该农药产品的证明材料。二是对我国禁用或严格限用产品，企业提供出口通知所需的相关材料。

2.3.3 全球化学品统一分类和标签制度

2.3.3.1 GHS 产生背景

为了规范化学品管理，多年来许多国家或组织相继制定了相关的法律法规，要求对化学品实施分类和标签，向下游用户和消费者传递化学品的危险信息。然而，由于各个国家对化学品危险分类和标签的要求差异性较大，会对化学品跨国贸易产生障碍。为此，统一现行制度以便制定一种单一的、全球统一的制度来处理化学品分类、标签和安全数据表具有非常重要的意义。

早在20世纪50年代初期，国际组织就已经开始了化学品分类和标记的工作，国际劳工组织（ILO）和联合国经济及社会理事会（ECOSOC）关注并制定了第一个以针对危险物品运输为目的的国际公认化学品分类及标记系统。在1956年发布了第一版的联合国关于危险货物运输的建议书（俗称橘皮书）。联合国的组织，如国际海事组织（IMO）、国际民航组织（ICAO）及其他国际和区域性组织，都使用这部建议书作为化学品运输分类和标记基础。

1989年，ILO接受了一项有关工作场所中危害性化学品使用上分类和标记的决议，在1990年，发布了一项关于工作场所中化学品使用的安全协议和建议案。同时，为降低对劳工与消费者身体危害及环境污染并减少跨国贸易障碍，联合国环境发展会议（UNCED）与国际化学品安全论坛（IFCS）于1992年通过决议，建议各国展开国际间化学品分类与标记调和工作，以减少化学品对人体与环境造成的危险及减少化学品跨国贸易必须符合各国不同标记规定所衍生的成本。故由ILO、OECD与UNCETDG共同研究拟定化学品分类与标记的GHS，其分工为：①OECD负责制定化学品对人体健康与环境的危险分类标准；②UNCETDG负责制定化学品物性安全标准；③ILO根据前两个单位制定的标准，负责制定出相关的标记与分类方式。

2002年9月4日在约翰内斯堡所通过的《行动计划》第22（c）段中，联合国可持续发展世界首脑会议鼓励各国尽快执行新的全球协调制度，期待让该GHS制度到2008年能够全面实施。2002年12月联合国危险物品运输和全球化学品统一分类标记系统专家委员会（UNCETDG/GHS）完成制定GHS系统，在2003年7月联合国经济社会委员会议（UNESC）正式采用GHS，并且授权将其翻译成联合国官方语言以在全世界范围内使用。该制度每两年修订一次，截至2021年已修订至第9版。

2.3.3.2 GHS主要内容

GHS包含了两方面的内容：一是按照化学品和混合物的物理危险性、健康危害性和环境危害性对其进行分类的标准；二是危险性公示要素，包括对标签和安全数据表的要求。GHS统一了化学品危险性的分类标准，标准化了危险性公示要素的象形图、信号词、危险性说明和防范说明，形成了一套综合性的危险性公示制度。

（1）GHS 危险性分类及其适用范围

GHS 从物理危险、健康危害和环境危害三个方面对物质和混合物进行分类，其中物理危险 17 类，健康危害 10 类，环境危害 2 类，共 29 类危险种类（表 2-3）。对于特定的危险类别，各国主管当局可不采纳所有危险类别，为保持统一一致，应遵循下述限制：

① 不应改动危险类别的临界值/浓度极限值等分类标准；

② 相邻的危险类别不可合并，否则需要重排其余危险类别的编号；

③ 相邻的子类别（如致癌性类别 1A 和 1B）可合并为一个类别。如合并子类别，应保留原 GHS 中的子类别名称或编号（如致癌性类别 1 或 1A/B），以利于危险公示；

④ 若采用一项危险类别，则也应采用所属危险种类内危险级别较高的。如某一国家主管当局采用一项危险种类，则至少要采用最高危险类别（类别 1），并且，如果采用一项以上的危险类别，这些危险类别应构成一个连续的序列。

表 2-3　　联合国 GHS 制度的危险种类和危险类别

危险分类	危险种类	危险类别及子类别
物理危险（17 项）	爆炸物	不稳定爆炸物、1.1 项~1.6 项的爆炸物
	易燃气体	1 类、2 类
	易燃烟雾剂	1 类、2 类
	氧化性气体	1 类
	高压气体	压缩气体、液化气体、冷冻液化气、溶解气体
	易燃液体	1 类、2 类、3 类、4 类
	易燃固体	1 类、2 类
	自反应物质和混合物	A、B、C、D、E、F 和 G 型
	发火液体	1 类
	发火固体	1 类
	自热物质和混合物	1 类、2 类
	遇水放出易燃气体的物质和混合物	1 类、2 类、3 类
	氧化性液体	1 类、2 类、3 类
	氧化性固体	1 类、2 类、3 类
	有机过氧化物	A、B、C、D、E、F 和 G 型
	金属腐蚀剂	1 类
	退敏爆炸物	1 类、2 类、3 类、4 类
健康危险（10 项）	急性毒性	1 类、2 类、3 类、4 类、5 类
	皮肤腐蚀/刺激	1 类：腐蚀物（子类别：1A/1B/1C）；2 类：刺激物；3 类：轻微刺激物
	严重眼损伤/眼刺激	1 类：眼球不可逆效应；2A 类：眼刺激；2B 类：轻微眼刺激

续表

危险分类	危险种类	危险类别及子类别
健康危险 (10项)	呼吸或皮肤敏化作用	呼吸敏化物 1 类:1A/1B 皮肤敏化物 2 类:1A/1B
	生殖细胞致突变性	物质:1 类(1A/1B);2 类 混合物:1 类、2 类
	致癌性	物质:1 类(1A/1B);2 类 混合物:1 类、2 类
	生殖毒性	物质——生殖毒性危险类别:1 类 1A/1B
	特定目标器官毒性——单次接触	1 类、2 类、3 类
	特定目标器官毒性——重复接触	1 类、2 类
	呼入危险	1 类、2 类
环境危害 (2项)	危害水生环境	急性水生毒性:1 类、2 类、3 类 慢性水生毒性:1 类、2 类、3 类、4 类
	危害臭氧层	危害臭氧层物质和混合物

GHS 分类适用于所有的危险化学品，既适用于纯化学品，也适用于化学品的混合物。但是，GHS 不适用于医药品、食品添加剂、食品中农药残留物或消费者使用的化妆品。

（2）危险性公示要素

GHS 对化学品危险性的公示要素（包括：图形符号、警示词、危险性说明、防范说明、标签格式和颜色以及安全数据说明书）的格式进行了标准化，并给每个危险性种类和类别规定了标签要素。

如表 2-4 所示，GHS 使用 9 个危险性图形符号，分别指代不同类别的危害。警示词是指标签上用来表明危险的相对严重程度并提醒公众注意潜在危险的词语。GHS 标签要素中使用 2 个警示词，分别为“危险”和“警告”。“危险”用于较为严重的危险性类别，即主要用于危险性类别第 1 和第 2 类，而“警告”用于较轻的危险性类别。

危险性说明是指分配给某个危险种类和类别的专用术语，用来描述一种危险产品的危险性质。在情况合适时，还包括其危险程度。目前已经确定的危险性说明共有 70 条专用术语，为了方便使用和识别，每条术语还被分配了指定代码。

防范说明用一条术语（和/或防范象形图）来说明为尽量减少或防止接触危险化学品或者不适当储运危险化学品产生的不良效应所建议采取的安全防范措施。GHS 标签要素中使用 4 类防范说明术语，分别为：预防、发生事故泄漏或接触时的反应、储存和处置。如：“——使用该化学品时，不要进食、饮水和吸烟”。

防范说明应当连同其他危险性公示要素（图形符号、警示词和危险性说明）一起明示在 GHS 标签上。

表 2-4　　　　　　GHS 中各类物质危险性图形符号和危险性说明

符号名称	图形符号	危险性说明
火焰		可燃性气体、易燃性；易燃性压力下气体；易燃液体；易燃固体；自反应化学品；自燃液体和固体；自热化学品；遇水放出可燃性气体化学品；有机过氧化物
圆圈上的火焰		助燃性、氧化性气体类、氧化性液体、固体
炸弹爆炸		火药类；自反应性化学品；有机过氧化物
腐蚀性		金属腐蚀物；皮肤腐蚀/刺激；对眼有严重的损伤、刺激性
气体罐		压力下气体
骷髅		急性毒性/剧毒
感叹号		急性毒性/剧毒；皮肤腐蚀性、刺激性；严重的眼睛损伤/眼睛刺激性；引起皮肤过敏；对靶器官、全身有毒害性

续表

符号名称	图形符号	危险性说明
环境		对水生环境有害性
健康有害性		引起呼吸器官过敏；引起生殖细胞突变；致癌性；对生殖毒性；对靶器官、全身有毒害性；对吸入性呼吸器官有害

安全数据说明书应当提供一种化学品或混合物的综合性安全信息，供用人单位和劳动者获取相应化学品的危险性信息、作业场所暴露途径信息、安全防范措施建议以及有效识别和降低使用风险的信息。GHS 对安全数据说明书的格式及其内容进行了进一步标准化，以改进信息的质量，并使劳动者和一般消费者易于理解其内容。安全数据说明书中应包含以下 16 项内容：标识；危险性标识；成分构成/成分信息；急救措施；消防措施；事故排除措施；搬运和储存；解除控制人身保护；理化特性；稳定性与反应活性；毒理学资料；生态学资料；废弃处置；运输信息；法规信息；其他信息。

2.4 欧盟 REACH 法规

2.4.1 REACH 法规产生的背景

随着社会进步和科学技术的发展，新物质和新材料不断出现，人们对于化学品对健康和环境潜在影响的关心程度日益提高。欧盟理事会组织在对原有化学品安全使用管理体系进行审议时，发现原有法规的种种缺陷，使其无法达到维护人类健康和保护环境的目的。并且，该管理体系对“新”化学品和“已有化学品”采用不同的管理规定，对“新物质”严格苛刻的管理方法促使大量的化学品生产厂家尽量避免使用“新物质”，从而阻碍了对新产品的研究与开发。欧盟认为，原有的化学品管理体系已经成为欧盟化学工业创新的一个严重的阻碍，这种体系使欧盟在化学工业创新方面落后于美国和日本。并且，原有的化学品风险评估责任的分配也不合理，负责化学品危险评定的是政府而不是生产、进口和使用这些化学品的企业。原有责任制度虽然理论上是基于谁危害谁赔偿的原则，可不足以对化学品造成的危害予以充分赔偿。为了改变这一状况，欧盟决定立法确定化学品生产商应该对其产品负相应的责任。

为了达到以上的几个目标，实现化学工业可持续发展，欧盟委员会 2003 年 3 月初发表了《未来化学品政策战略草案（白皮书）》，之后提出了“关于欧盟未来化学品政策”的战略建议，并于 2003 年 5 月 7 日发表了与之相配套的《关于化学品注册、评估、授权和限制的咨询文件》，征求包括欧洲之外的有关利益方的意见。2003 年 10 月提出了新的 REACH 法规提案，12 月 13 日欧盟官方网站发布最新消息，法规获得欧盟议会通过，于 2007 年 6 月 1 日正式实施。

新的法规的一个重要特点是改变了化学品生产经营的安全风险关系，即将过去由政府承担化学品的安全责任转嫁到生产经营者身上，要求生产商、进口商和化学品下游用户都能确保规避化学品对人类健康和环境保护的风险。另一个重要特点是无数据无市场，即生产商和进口商必须严格遵照法规，对化学品及其相关下游产品进行注册并取得相应授权，否则不能在欧盟成员国生产或在欧盟市场经销，且实行“一个物质，一个注册人”制度。

2.4.2 REACH 法规的主要内容和要素

REACH 法规包括 16 个部分和 17 个附件，其中既有法律条文，又有技术标准。在法规实施过程中，3 万多种化学品和 300 万~500 万种下游应用化学品的物品需要开展注册、检测、评估和市场准入工作。

REACH 法规对目前的已有物质和新物质采取统一的制度，实施同样的管理程序。法规对化学品安全履行义务的要求（包括实验要求）多少，取决于生产或进口的化学品是否有害、具体的用途、使用时的暴露状况和进入市场的量的多少。总量超过 1t 的所有化学品都应当在欧洲化学品中央数据库注册，对于量更大的化学品，应当给予长期和慢性毒性方面的关注。

REACH 法规是由注册、供应链信息的传递、评估、许可和限制 5 个关键环节共同构成的法规体系，欧盟确实希望能够有效地控制欧盟境内流通的化学品对人类健康和环境造成的风险。具体的 REACH 法规的法律流程图如图 2-1 所示。

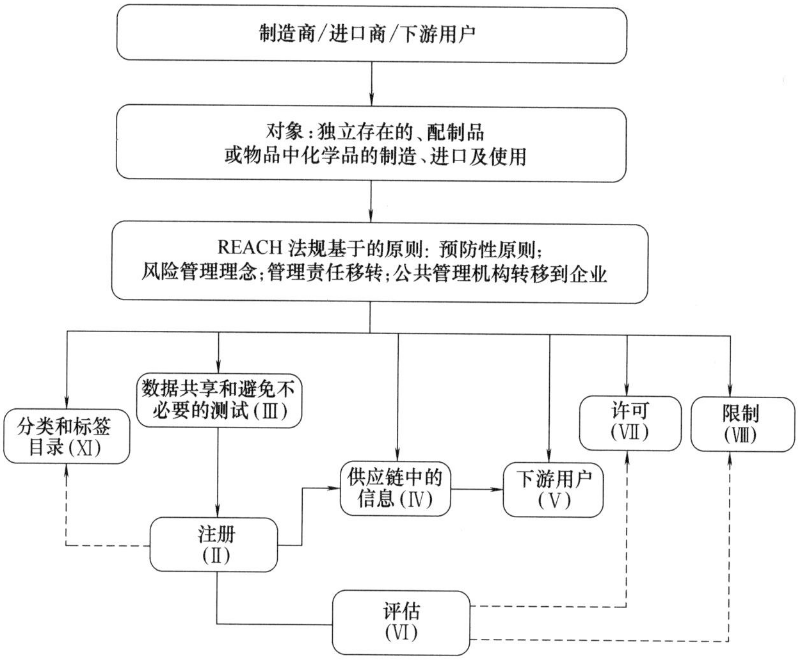

图 2-1　REACH 法规的法律流程示意图

2.4.2.1　注册

注册被视为 REACH 的核心。该法规要求生产者须对产量或进口量达到或超过 1t 的化学品进行注册，在欧洲化学品管理局注册之前，都不得在欧盟市场上制造和销售。注册要求化学品生产商或进口商通知欧洲化学品主管机关其制造或进口的意向，并提交法规所要求提供的化学品的有关信息，这些信息包括化学品的风险、毒性、用途、报废特征、风险管理特征以及化学安全评估报告（10t 及以上）等信息。具有注册义务的人仅限于欧盟境内独立存在的、配置品中的物质的制造商或进口商以及欧盟境内符合注册条件的物品的生产商或进口商，非欧盟制造商不能够成为注册人，只能通过在欧盟境内设立或指定全权代表机构，即“唯一代表”完成其出口到欧盟的化学品的注册，除非它们拥有的附属公司是一家欧盟的合法实体。同时，一种化学品只能注册一次，为此专门规定了数据共享机制，允许注册者之间进行信息的共享与交换，以及多个注册者可联合提交数据注册。

按照 REACH 法规，以下几类物质在其使用范围内可免于注册：

① 人用或兽用药品中的物质；

② 食品或饲料中的物质：如食品添加剂、食品调料剂、饲料添加剂、动物营养剂等；

③ 植物防护剂；

④ 再次进口已注册过的化学品；

⑤ 用于产品和工艺研发的物质；

⑥ REACH 附件Ⅳ中列出的物质。

2.4.2.2 评估

REACH 评估程序是指在完成注册程序后，由欧洲化学品管理局对已经注册的化学品注册信息进行审查和核对，用于决定是否进一步测试并审查注册人提交的信息是否符合法律要求，是否存在损害人体健康和环境的风险，同时尽可能地避免不必要的脊椎动物实验。

法规规定评估应由欧洲化学品管理局（ECHA）和欧盟各成员国的主管部门完成。REACH 法规规定，需要被注册的物质，无论是物质本身还是存在于配制剂或产品成品中，如果投入市场的数量每年每个生产商超过 10t，都将被要求进行化学安全评估（CSA）。

评估制度分为注册档案评估和化学品评估，注册档案评估是检查注册档案与注册要求是否一致，对其实验数据进行审核，防止重复进行相同的动物实验，尽可能减少不必要的动物实验。化学品评估则是在怀疑其对人类健康和环境存在风险的情况下，要求企业必须为此进行测试和实验，以获取和提交更多的信息。

法规还要求各成员国对拟评估化学品制定 3 年滚动评估计划，以便有计划地对评估资源进行分配。2012 年 2 月底，ECHA 启动的首批欧盟滚动计划（CoRAP）物质清单包含了 90 个首批实施评估的化学品，其后每年 ECHA 都会对 CoRAP 清单进行更新。

2.4.2.3 授权（许可）

授权是 REACH 法规的第 3 项主要内容。2001 年欧盟首次提出了将 PBT 化学品及其相关类别的 vPvB、CMR 化学品以及内分泌干扰物质（Endocrine Disruptor Chemicals，EDCs）等高环境和健康风险化学品定义为“高关注类物质”（Substances of Very High Concern，SVHCs）。SVHCs 的概念及范畴也逐渐代表了当今国际化学品风险管理及科学研究共同关注的化学品，获得了国际社会的普遍认同。截至 2021 年 1 月，ECHA 共发布了 24 批 SVHCs 清单，包含化学品 211 项。

REACH 建立了一个授权机制，所有 SVHCs 在欧盟市场的使用和投放均需要获得授权，以确保来自 SVHCs 的风险能够得到合理控制。如果相关风险已经得到充分控制并在申请人的化学品安全报告中对此加以说明，或者申请人能够表明他们有控制该物质危险的能力，或证明这种物质的社会经济效益超过其危害人类健康或环境产生的风险，并且目前没有适当的替代物或技术，欧盟委员会可按某一用途的使用方法给予具体授权；以上物质在欧委会授权之前不得生产、进口或者使用。

评估的隐性含义在于发现并逐渐禁用高风险化学品。授权制度的目的在于保证内部市场的良好运作，有效控制高关注度物质的风险，最终在经济和技术可行时，逐步地替代或淘汰 SVHCs。

2.4.2.4 限制

限制是 REACH 法规的第 4 项主要内容，也被誉为 REACH 体系的“安全网”。允许采用立法形式对那些可能是“对人体或环境造成危险”的制剂或制成品的物质的某些用途进行限制、禁止。

REACH 法规也对某些危险物质或配制剂的生产、销售和使用进行了特定的限制，只有在遵守限制的条件下，才能被制造、投放市场或使用。限制程序规定，如果某种物质的制造、投放市场或使用所导致的对人类和环境的风险不能得到有效控制，有必要在欧盟层面予以明确，欧盟委员根据情况决定是否将该物质列入限制清单。该程序范围包括限制在某些物品中的使用，限制消费者使用或限制所有的用途（即完全禁止）3 个层面。也就是说，任何物质，不管是其本身或含在配置品、物品中，只要该物质的使用对人类健康和环境具有不可接受的风险，都必须在欧盟范围内进行限制。截至目前，欧盟的限制目录清单中包含 64 类化学品。

2.4.3 REACH 的借鉴意义

REACH 法规作为欧盟的一项化学品管理政策，通过对注册、评估、授权和限制环节进行规范，在一个涵盖内容全面的管理制度下，将所有在欧盟市场上进行生产和流通的化学品以及与之有关的信息采集和决策制定程序都纳入该体系，形成一个完整的风险管理策略，使化学品的生产和使用的各个环节都在这一体系内进行。

REACH 法规着重强调了人类健康、生态环境与化学工业发展三者之间协调一致的关系，将人类健康和环境保护的预防性理念提升至一个新的高度，从法律的层面给化学品管理赋予了支持与保障，其立法理念与管理模式远远超出了当前大多数国家和国际社会现有的化学品管理法规。很多国家都参照欧盟 REACH 法规制定了自己的化学品管理法规，如 2015 年 1 月 1 日正式实施的《韩国化学品注册与评估法案》，也被称为 K-REACH。我国在化学品管理上的立法和管理方式很多也在借鉴和参考 REACH 的先进经验。

2.5 日本《化审法》

2.5.1 发展历程

日本是世界上最早受到化学品危害的国家之一，20 世纪 50 年代后期至 70 年代，日本陆续发生了“痛痛病”“水俣病”“第二水俣病”“四日市哮喘”四大公害事件以及多氯联苯污染事件，引发了日本民众和政府对于化学品管理模式的深刻反省，由此，日本于 1973 年率先颁布了《化学物质审查与生产管理法》（CSCL，简称《化审法》），这是世界上第一部化学品控制法，旨在防止高持久性、高生物蓄积性和人类长期毒性的化学品对人体健康的危害，是一部完全基于“危害”的法规。此外，《化审法》还是世界上首部引入新化学品生产和进口预先评估与授权制度的法规。此后，日本又陆续颁布了近 50 条与化学品安全管理相关的法律法规，建立了相对健全的化学品管理体系。为了进一步健全化学品安全管理制度，日本政府又先后于 1986 年、2003 年、2009 年对化审法实施了 3 次重大修订。

1986 年，日本《化审法》实施第一次修订，将不具有高蓄积性但具有高持久性和人类长期毒性的化学品纳入了管理范围。2003 年，日本政府根据国际化学品管理趋势和 OECD 关于化学品管理的建议，增加了四个方面的要求：要求提交生态毒性数据、引入了暴露信息的概念、引入了关于已知具有持久性和高生物蓄积性化学品的处理措施、要求制造商和进口商提供他们所掌握的化学品的所有有害特性信息。受到以欧盟 REACH 法规为代表的新化学品监管模式的启发，2009 年日本政府再次修订了《化审法》，将过去基于“危害”的化学品管理模式转变为基于“风险”的管理模式，建立了《优先评估化学物质清单》，同时对危险化学品实施了从供货商到生产的全过程的管理。

2.5.2 主要内容

《化审法》对化学品实行总括式的管理，要求对所有新化学品在制造或进口时实行事前审查制度，如果新化学品没有接受安全性审查，则禁止其在日本国内制造或进口。

2009 年修订后，《化审法》的变化主要体现在以下几个方面：

① 主要由基于危害的化学品安全管理转变为基于风险的化学品管理法规；

② 法规中引入了涵盖现有化学品的综合管理系统；

③ 对供应链合理监管化学品提出要求；

④ 评估和管理的框架合理化，并要求向相关部门通报化学品信息等。

日本《化审法》CSCL 将化学品划分为现有化学品和新化学品两个类别进行管理，新化学品又根据吨位及类别的不同履行相应的义务。大于 1t/年的新化学品要进行 PBT 的评估，而属于小于等于 1t/年、特殊情形及低关注度聚合物的新化学品则是履行事先确定和监管的义务。

日本《化审法》分为两个阶段实施，第一阶段始于 2010 年 4 月 1 日，在实施的第一阶段中，《化审法》将化学品分为 5 类进行管理，分别是：一类指定化学品、二类指定化学品、一类监管化学品、二类监管化学品、三类监管化学品。在 2011 年 4 月 1 日后，《化审法》进入第二实施阶段，废止了对二类监管化学品和三类监管化学品的管理，将化学品改为 4 类进行管理，分别为一类指定化学品、二类指定化学品、监管化学品以及优先评估化学品。日本《化审法》分类管理要求如图 2-2 所示。

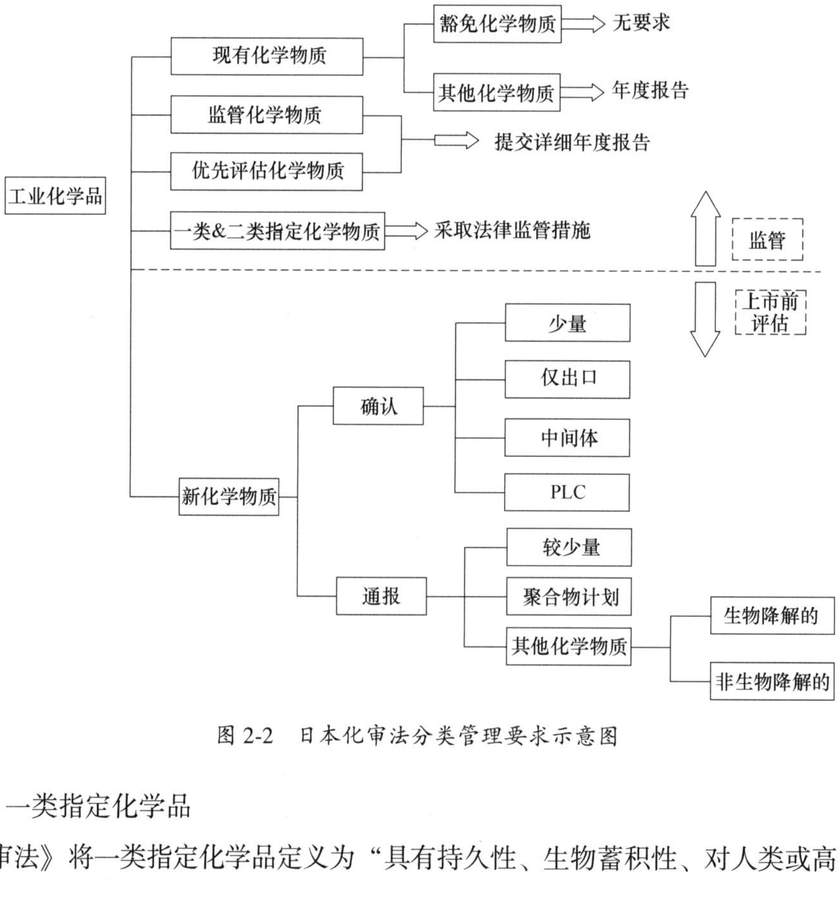

图 2-2　日本化审法分类管理要求示意图

（1）一类指定化学品

《化审法》将一类指定化学品定义为“具有持久性、生物蓄积性、对人类或高营养级食肉动物具有长期毒性”的化学品，目前被日本纳入“一类指定”的化学品为31种（表2-5，截至2016年7月1日）。

《化审法》对一类指定化学品采取以下监管措施：

① 生产或进口之前需预先获得许可（实质上是禁止的）；

② 禁止进口内阁法令下规定的某些产品；

③ 禁止用于内阁法令规定之外的其他用途（旨在与国际要求相一致）；

④ 物质以及内阁法令规定的产品（含有物质的产品）必须符合使用标准和强制性标签的要求；

⑤ 可能会下令要求实施召回和其他措施。

表2-5　31种一类指定化学物质

序号	CAS号	《化审法》一类指定化学物质的名称
1	—	多氯联苯(100种)
2	—	多氯萘(二氯以上,共79种)
3	118-74-1	六氯苯
4	309-00-2	艾氏剂
5	60-57-1	狄氏剂
6	72-20-8	异狄氏剂
7	50-29-3	滴滴涕
8	57-74-9、76-44-8、5103-71-9、5103-74-2、5566-34-7、6058-23-7、12789-03-6、56534-03-3、56641-38-4	氯丹或七氯
9	56-35-9	双(三丁基锡)氧化物
10	620-91-7、15017-02-4、27417-40-9、28726-30-9、70290-05-0	*N*,*N*′-二甲苯基对苯二胺
11	732-26-3	2,4,6-三叔丁基苯酚
12	8001-35-2	毒杀芬
13	2385-85-5	灭蚁灵
14	115-32-2	三氯杀螨醇
15	87-68-3	六氯丁基-1,3-二烯
16	3846-71-7	2-(2H-苯并三氮唑-2-基)-4,6-双(1,1-二甲基乙基)苯酚
17	1763-23-1、2795-39-3、4021-47-0、29081-56-9、29457-72-5、56773-42-3、70225-14-8、71463-74-6、91036-71-4、251099-16-8	全氟辛烷磺酰基化合物及其盐类(PFOS):十七氟辛烷磺酸钠、全氟辛基磺酸钾、钠十七氟-1-辛烷磺酸盐
18	307-35-7	全氟辛烷磺酰氯(PFOSF)
19	608-93-5	五氯苯

续表

序号	CAS 号	《化审法》一类指定化学物质的名称
20	319-84-6	α-六氯环己烷
21	319-85-7	β-六氯环己烷
22	58-89-9	γ-六氯环己烷或林丹
23	143-50-0	十氯酮
24	36355-01-8、36402-15-0、55066-76-7、59080-40-9、59261-08-4、60044-26-0、67888-98-6、67888-99-7、69278-59-7、77607-09-1、81381-52-4、82865-89-2、82865-90-5、82865-91-6、84303-47-9、84303-48-0、93261-83-7、119264-50-5、119264-51-6、119264-52-7、119264-53-8、120991-47-1、120991-48-2	六溴联苯
25	5436-43-1、40088-47-9、93703-48-1、103173-66-6	四溴联苯醚
26	32534-81-9、60348-60-9、189084-65-9	五溴联苯醚
27	31153-30-7、35854-94-5、36483-60-0、68631-49-2、116995-33-6、207122-15-4	六溴联苯醚
28	68928-80-3、116995-32-5、117948-63-7、207122-16-5、446255-22-7	七溴联苯醚
29	115-29-7、959-98-8、33213-65-9	硫丹
30	3194-55-6、4736-49-6、25637-99-4、65701-47-5、134237-50-6、134237-51-7、134237-52-8、138257-17-7、138257-18-8、138257-19-9、169102-57-2、678970-15-5、678970-16-6、678970-17-7	六溴环十二烷
31	87-76-3、87-86-5、131-52-2、2917-31-9、2917-32-0、3644-38-0、3772-94-9、5902-76-1、7497-08-7、7778-73-6、10443-46-6、13673-51-3、13673-53-5、13673-54-6、23234-97-1、28990-85-4、32978-79-3、35109-57-0、36994-69-1、50654-95-0、55593-07-2、55868-72-9、67246-71-3、90640-52-1、91080-93-2、98219-40-0、98219-41-1	五氯苯酚及其盐类或酯类

（2）二类指定化学品

《化审法》将二类指定化学品定义为“非持久性、非高生物蓄积性、对人类具有毒性或对人类生活环境中的动植物具有长期毒性”的化学品，目前“二类指定化学品名单”中包含23种化学品（表2-6，截至2016年7月1日）。

《化审法》对二类指定化学品采取以下监管措施：

① 必须通报计划和实际的年产量和年进口量；

② 如果确实有必要，政府可颁布法令更改计划生产量和进口量；

③ 禁止用于内阁法令规定之外的其他用途（旨在与国际要求相一致）；

④ 政府为物质和内阁法令规定的产品（含有物质的产品）提供技术指南和建议；

⑤ 内阁法令规定的产品必须加贴标签。

表 2-6　　23 种二类指定化学物质

序号	CAS 号	《化审法》二类指定化学品的名称
1	79-01-6	三氯乙烯
2	127-18-4	四氯乙烯
3	56-23-5	四氯化碳
4	1803-12-9	*N*,*N*′-二甲基二硫代氨基甲酸盐
5	379-52-2	三苯基氟化锡
6	900-95-8	三苯基醋酸锡
7	639-58-7	三苯基氯化锡
8	76-87-9	三苯基氢氧化锡
9	18380-71-7，18380-72-8，47672-31-1，94850-90-5	三苯基脂肪酸锡
10	7094-94-2	三苯基氯醋酸系
11	2155-70-6	甲基丙烯酸三丁基锡
12	6454-35-9	双(三丁基锡)富马酸盐
13	1983-10-4	三丁基氟化锡
14	31732-71-5,56323-17-2	双(三丁基锡)-2,3-二溴琥珀酸盐
15	56-36-0	三丁基醋酸锡
16	3090-36-6	月桂酸三丁基锡
17	4782-29-0	双(三丁基锡)邻苯二甲酸盐
18	67772-01-4	烷基丙烯酸酯、甲基丙烯酸甲酯和三丁基锡甲基丙烯酸酯的共聚物
19	6517-25-5	三丁基氨基磺酸西
20	14275-57-1	双(三丁基锡)马来酸盐
21	1461-22-9	三丁基氯化锡
22	85409-17-2	三丁基环烷酸锡
23	26239-64-5	三丁基锡松脂

（3）监管化学品

《化审法》将监管化学品定义为“具有持久性、非高生物蓄积性，毒性未知”的化学物质，目前“监管化学品”中包含 37 种，其中可能在皮革行业使用的化学品包括全氟十二酸、全氟十三酸、全氟十四酸、全氟十五酸、全氟十六酸、全氟庚烷和全氟辛烷。

对于监管化学品，《化审法》要求制造或进口该类物质的企业必须每年向日本政府通报物质的年产量、进口量和使用情况信息，同时要求从事相关化学品贸易的企业有义务尽最大努力公开物质信息。

（4）优先评估化学品

优先评估化学品（PACs）是指具有非持久性、非高生物蓄积性、可能对人类具有长期毒性的化学品。2011 年 4 月，日本政府发布的首份 PACs 清单中包含 88 个指定优先评估化学品，截至 2022 年 4 月，该清单中的化学品数目已增加至 267 个，预计未来 PACs 清单中的化学品数量将扩展至约 1000 个。

对于 PACs 清单中的化学品，《化审法》要求制造商或进口商必须每年向日本政府通报其产量、进口量以及使用情况等信息，并最大程度地公开物质的相关信息。

总体而言，日本《化审法》还处在不断完善的阶段，法规的影响力也远不如欧盟 REACH 法规。

2.6 美国《有毒物质控制法》

美国的化学品安全管理涉及美国环境保护署（EPA）、美国消费品安全委员会（CPSC）、美国劳工部职业安全与卫生管理局（OSHA）等部门。其中，EPA 于 1976 年 10 月 11 日颁布的《有毒物质控制法》（Toxic Substance Control Act，TSCA）对化学品全生命周期各个环节的监督和管理都做了详细的要求，建立了商用化学品报告、记录、跟踪、测试和使用限制等一系列化学品管理制度。

法规用动态化学品清单（名录）的形式将化学品分为在名录中的现有化学品和不在名录上的新化学品 2 类，区别对待和管理。在 1979 年发布的第 1 版《TSCA 现有化学品名录》中涵盖了约 62 万种化学品。截至目前，该名录已包含现有化学品 85000 种。

对于新化学品（未列入《TSCA 现有化学品名录》的化学品），TSCA 实行“事前制造告知制度（PMN）”，要求生产或进口新化学品前 90 天，向 EPA 申报并提交 PMN 表格，提供包括化学品标签数据、生产工艺、产量、预期用途以及已知的全部人类健康和环境影响等数据。一旦 EPA 发现某一化学品对人类健康和环境具有过高风险，EPA 有权禁止或限制该化学品的生产和使用。

对于现有化学品，TSCA 规定 EPA 有权审查和控制化学品的重要新用途，并由机构测试委员会（ITC）来识别需要优先进行测试的化学品，主要由 EPA 补充实施毒性测试；此外，对于有过高风险性的化学品，EPA 还可要求企业提供标识，限制或完全禁止该化学品的使用或生产。目前，多氯联苯、石棉、氢氟酸、涂料中的铅、六价铬等对人体健康或环境构成严重危害的化学品都是 EPA 重点管理与控制的目标。

美国实施化学品管理的目标是减少化学品对人体健康和环境安全的不合理风险。其管理体制对于公司而言相对宽松，认识、评估化学品风险的责任主体在于政府，因此博得广大公司的欢迎和支持。通过法规的实施，政府的科学研究能力得到了加强，认识化学品的新方法、新技术也层出不穷，如 QSAR 技术，这源于美国强大的技术力量和积累，源于国家经济发展的背景需求，TSCA 是政府和企业、经济发展与环保生存的妥协产物。TSCA 实施 40 余年而没有修订，本身也显示了其存在的合理性和实际的可操作性。

2.7 中国化学品管理

早在 1994 年，国家环境保护总局就开始对化学品实施管理，在化学品制度建设、污染治理及公约谈判和履约方面均取得一定的进展。2003 年，为兑现我国加入 WTO 时就化学品环境管理方面做出的承诺，环境保护总局颁布实施了行政规章《新化学物质环境管理办法》(环保总局令第 17 号)，对中国境内从事生产和进口新化学品实行生产前和进口前申报登记，我国首次建立了新化学品申报登记制度，在管理制度建设上实现了具有里程碑意义的重大突破。为配合《新化学物质环境管理办法》的实施，国家环境保护总局相继制定和发布了《化学品测试导则》《化学品测试合格实验室导则》和《新化学物质危害评估导则》等技术标准，对化学品的测试方法、测试机构条件，以及新化学物质专家评审中的评估水平划分、数据要求、测试机构资质要求、评审原则、分级标准等进行了规定。

2010 年 1 月，环境保护部修订发布了《新化学物质环境管理办法》(环境保护部令第 7 号)(以下简称《办法》)，是最新的修订版。《办法》对未列入《中国现有化学物质名录》中的新化学品实施风险分类管理、申报登记和跟踪控制制度，申报流程如图 2-3 所示。《办法》在新化学品管理方面还引入了联合国 GHS 分类、标签和安全数据表要求，根据化学品的危险特性，将其分为一般类新化学品、危险类新化学品和重点环境管理危

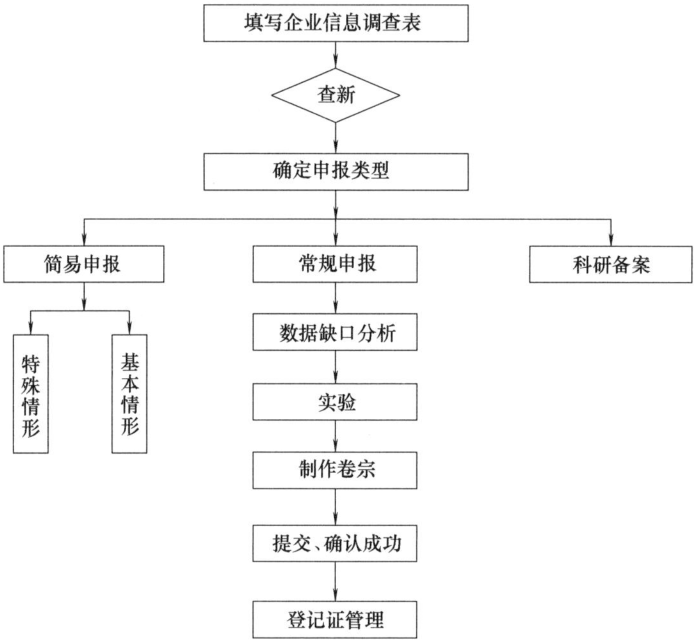

图 2-3　新化学品申报流程示意图

险类新化学品。

在审查内容方面，《办法》要求全面审查化学品的毒理学和生态毒理学特性，化学品的持久性、生物蓄积性、生态环境和人体健康危害特性。在审查对象方面，对于年产量或进口量在 1t 以下的化学品实行豁免常规申报的规定（但需进行简易申报），突出了化学品为审查的重点对象；同时为了防止高进口量或高产量化学品的环境风险，《办法》规定了“申报数量级别越高、测试数据要求越高”的原则，对高进口量或高产量化学品提出更为严格的数据要求。

2016 年，环境保护部还组织修订了《新化学物质申报登记指南》《新化学物质监督管理检查规范》《新化学物质常规申报表及填表说明》《新化学物质简易申报表及填表说明》《新化学物质科学研究备案表及填表说明》和《新化学物质首次活动情况报告表及填表说明》6 项实施配套文件，建立了较完善的新化学品环境风险防控管理制度体系。我国现行化学品环境管理基本制度如表 2-7 所示。

表 2-7　我国现行化学品环境管理基本制度

项目	主要内容
管理法规名称	《危险化学品安全管理条例》《新化学物质环境管理办法》《化学品首次进口及有毒化学品进出口环境管理规定》《废弃危险化学品污染环境防治办法》《危险化学品环境管理登记办法(试行)》等
适用范围	新化学品生产或进口,有毒化学品进出口,危险化学品的生产、使用、储存、运输以及突发环境事件应急和废弃化学品处置

续表

项目	主要内容
管理对象物质	新化学品；列入《鹿特丹公约》《斯德哥尔摩公约》《巴塞尔公约》；受控名单的危险化学品和危险废物；中国禁止和严格限制的有毒化学品等；列入《危险化学品目录》《重点环境管理危险化学品目录》的剧毒化学品和其他化学品
管理目录	《危险化学品目录》《中国现有化学品名录》《中国禁止或严格限制有毒化学品目录》《中国严格限制进出口有毒化学品目录》《中国进出口受控制消耗臭氧层物质名录》《中国危险废物名录》《重点环境管理危险化学品目录》
生产/进口前	新化学品生产和进口前登记制度、危险化学品环境管理登记
进出口	列入《鹿特丹公约》《斯德哥尔摩公约》和禁止类、限制类名单的有毒化学品进出口登记制度
生产、储存建设项目	环境影响评价报告书和审批制度、危险化学品环境管理登记制度、重点环境管理危险化学品释放转移报告制度、重点环境管理危险化学品环境风险评估制度
经营销售	危险废物经营许可证管理办法
使用	禁止类、限制类有毒化学品按管理目录实行分类管理、危险化学品环境管理登记、重点环境管理危险化学品释放转移报告制度、重点环境管理危险化学品环境风险评估制度
运输	危险货物运输管理
事故应急救援	突发环境事件应急预案备案制度、环境污染和破坏事故报告制度
废弃处置	废弃危险化学品按照危险废物进行监管，实行废物经营许可证、危险废物转移联单制度等、废弃污染场地环境风险评估制度

《办法》在制修订过程中，借鉴和吸收了发达国家和地区的立法经验，一定程度上加强了我国化学品管理的力度，有利于防范化学品产生的环境风险。但是，仍要看到我们与世界发达国家在化学品环境管理制度上的差距，我国目前仍未针对化学品管理立法，没有设立国家级别的化学品安全管理部门，这是政策法规和机构机制层面的重要缺失，是导致重复管理或者管理缺失的重要根源，我国化学品安全管理中存在如下问题：

① 立法级别低、管理范围窄、法规系统性和协调性差；

② 缺乏协调统一的化学品安全管理机构机制；

③ 标准内容要求不协调，检测方法类标准不足；

④ 实验室检测技术支撑体系有待加强；

⑤ 信息化技术职称体系不足；

⑥ 人才队伍建设急需加强，人员技术水平普遍有待提高；

⑦ 化学工业产业布局和结构规划不合理；

⑧ 公众安全意识相对薄弱；

⑨ 化学品安全事件应急处理能力仍需提高。

参考文献

[1] 菅小东，周红，高映新. 国际化学品安全管理的现状及发展趋势 [J]. 环境科学研究，2004 (03)：7-9.

[2] 陈会明，张静. 化学品安全管理战略与政策 [M]. 北京：化学工业出版社，2012.

[3] 余刚，周隆超，黄俊，等. 持久性有机污染物和《斯德哥尔摩公约》履约 [J]. 环境保护，2010，(23)：13-15.

[4] 张颖. 欧盟 REACH 法规在 WTO 框架内的法律分析 [D]. 苏州：苏州大学，2012.

[5] 陈会明，张静. 化学品安全管理战略与政策 [M]. 北京：化学工业出版社，2012.

[6] 何晓文. 技术性贸易壁垒和 REACH 法规对中国化学品贸易的影响与对策研究 [D]. 上海：复旦大学，2008.

[7] 李政禹. 国际化学品安全管理战略 [M]. 北京：化学工业出版社，2006.

[8] 张静，陈会明，李晞，等. 美国化学品法规改革新进展及应对建议 [J]. 现代化工，2011，31 (3)：82-86.

[9] 《化学品环境风险防控思路和对策研究》编制组. 化学品环境风险防控思路和对策研究 [M]. 北京：中国环境出版社，2014.

第三章
国内外皮革化学品管理现状

皮革工业是我国传统的优势产业之一，我国皮革、毛皮及其制品和鞋类的产量多年来一直稳居世界首位，具有较为完整的产业链，从业人员高达1100万人。据中国皮革协会统计，2020年，我国皮革行业27个主要产品品类出口总金额为642.92亿美元，进口总金额为142.42亿美元，贸易顺差500.5亿美元，其中有14个产品品类实现了贸易顺差，是我国重要的出口创汇行业。不过，近年来随着国际市场货币汇率动荡、贸易绿色壁垒问题日渐突出，国内环保压力加大，生产要素成本不断上涨，加之国家行业政策调整等因素，我国皮革行业的发展也面临诸多的困难和挑战。行业利润增速回落，整体不够景气，尤其是新的污染物排放标准出台之后，环境污染问题成为了制约制革业发展的瓶颈。

在制革加工过程中，专业的化学品如鞣剂、涂饰剂、染料、加脂剂等能够有效提高皮革产品的质量、满足产品性能需求。据统计，制革行业所用到的化学品超过2000种。然而，加工废液中残留的大量化学品的排放，以及皮革产品中未固定结合的有害化学品的释出，都会对人体健康、环境和生态造成危害。针对制革行业，国内外均缺乏系统有效的皮革化学品风险筛查、评估和管理的机制，对制革中引入的化学品在皮革产品使用过程的转化特性、毒性效应、健康环境风险等基本不作评价。在控制化学品危害时，主要依赖末端环境治理和产品质量管控，而对化学品进入制革加工过程的源头，筛查和控制的力度明显不足。在国内，这种状况更为突出，国内制革行业对于化学品的控制往往基于环境保护法规的压力和产品质量标准的要求，被动地控制受限化学品的使用，为此需要寻找可替代的皮革化学品及其应用技术。

3.1 皮革及其制品中残留的化学品的管理

皮革制品是以成品皮革和毛皮为主要原料加工而成的商品，主要包括皮鞋、皮具、皮革服装、毛皮服装等。涉及皮革及其制品的相关法律、法规及强制性标准等在管理和控制有害化学品的使用中都起到了至关重要的作用。目前来说，在皮革行业的化学品使用管理上，下游对上游的化学品要求传导起到了重要的作用，多数在制革行业中被广泛限制使用的化学品，均源于国内外对这些化学品在皮革制品或者其他同类制品的严格限量管理，如甲醛、偶氮染料、六价铬等。

皮革制品中化学品的限量主要源于三个方面：①各国家和地区的法律、法规及强制性标准，如欧盟 REACH 法案、日本《家居用品中有害物质管制法》、中国强制性国家标准 GB 20400—2006《皮革和毛皮　有害物质限量》等；②各组织机构发布的生态产品标签，如国际环保纺织协会的生态纺织品标准 OEKO-TEX Standard 100、德国蓝色天使标识（Blue Angel）、欧盟生态标签（Eco-label）、中国皮革协会《真皮标志 生态皮革产品规范》等；③由行业协会或行业相关的厂商制定的环保协议或禁用/限制物质清单（RSL）等，如美国鞋类协会（AAFA）限制物质清单，Adidas、H&M、IKEA 等大型国际厂商自主或联合制定的限制物质清单等。

作为一种面料材质，皮革和纺织品具有类似的用途，皮革制品在加工过程中时常也会用到纺织行业的化学品作为辅料或功能性材料，而且早期制革加工中使用的很多化工材料如表面活性剂、染料、固色剂等也是直接来源于纺织行业，因此很多国家和地区对皮革产品中残留化学品的要求与纺织品的相似或者直接参考纺织产品执行，纺织品行业的化学品管理也对皮革行业起到了很好的示范和参考作用。

3.1.1　国外相关的化学品安全管理法规和标准

对我国皮革行业产生较大影响的国外法律、法规和标准主要有：欧盟 REACH 法案的相关指令、欧盟生态标签、国际环保纺织协会的生态纺织品标准 OEKO-TEX Standard 100 等。常见的受限制的化学品包含：甲醛、禁用偶氮染料、六价铬、五氯苯酚、壬基酚（NP）及乙氧基壬基酚（NEP）和富马酸二甲酯（DMFu）等。

（1）甲醛

在传统制革工艺中，甲醛是一种性能优良的鞣剂，皮革中使用的其他鞣剂、涂饰剂等化工材料在合成过程中也可能会使用甲醛作为反应中间体、溶剂或交联剂，因此甲醛广泛存在于各类皮革及其制品中。

目前，虽然甲醛的限量在国际范围内已经达成普遍共识，但是不同国家或组织对皮革中的甲醛的限量仍有很大差别，从 20mg/kg 到 1500mg/kg 不等，详见表 3-1。

表 3-1　不同国家或组织对皮革及其制品中游离甲醛含量的要求

国家或组织	限量法规、标准	限量要求
德国	《日用消费品法》附录 9	高于 1500mg/kg 必须标示出实际值
荷兰	1998 年 7 月 29 日规定	120mg/kg，若高于 1500mg/kg 必须标示出实际值
法国	官方公报 97/0141/F 规定	36 个月以下婴幼儿用品：20mg/kg 直接接触皮肤的产品：200mg/kg 非直接接触皮肤的产品：400mg/kg
日本	Law 112	小于 24 个月的婴幼儿：16mg/kg 直接接触皮肤的产品：75mg/kg 非直接接触皮肤的产品：300mg/kg
欧盟	鞋类生态标签（2009/563/EC）	皮革不高于 150mg/kg
国际环保纺织协会	OEKO-TEX Standard 100（2016 版）	婴儿：不得检出（<16mg/kg） 直接接触皮肤：75mg/kg 非直接接触皮肤：300mg/kg

（2）禁用偶氮染料

偶氮染料是指染料分子结构中含有偶氮基（即—N═N—）的染料。由于分子中含有的偶氮基数目的不同，这类染料又分为单偶氮染料、双偶氮染料和三偶氮染料等。迄今市场上用量最大的是单偶氮染料和双偶氮染料。偶氮染料由于色谱齐全、色光良好、牢度较高和几乎能染所有纤维等性质，是最重要的一类合成染料。目前世界市场上三分之二左右的合成染料是以偶氮化学为基础制成的，即约三分之二的合成染料是偶氮染料，估计有约 2000 个品种、近 60 万 t 年产量。

禁用偶氮染料在一定的条件下能够还原出对人体或动物可能具有致癌作用的芳香胺染料，并非所有的偶氮染料都有问题，目前受到禁用的偶氮染料包括 24 种。用这些禁用偶氮染料染色的皮革制品、服装和其他纺织品与人体皮肤长期接触后，会与代谢过程中释放的成分发生还原反应形成致癌的芳香胺化合物，在经过一系列活化作用后可以使人体细胞的 DNA 发生结构与功能的变化，成为人体病变的诱因。而且禁用偶氮染料与甲醛等易消除的物质不同，染料一经上染，其化学性质几乎无法改变。

鉴于此，早在 1994 年，德国就对制革用的禁用偶氮染料做出限令规定。2002 年 9 月 11 日欧盟正式颁布了 2002/61/EEC 号指令，禁止生产、使用和销售含有有害偶氮染料的皮革、纺织等各类制品。其后，各个国家和组织也相继对致癌芳香胺染料进行了禁用限制（表 3-2），我国国家质检总局也于 2003 年出台了纺织品基本安全技术要求的国家标准，在国内限制了禁用偶氮染料在纺织品中的使用，2006 年国家质检总局出台的皮革行业强制性国家标准中也明确了对皮革和毛皮中禁用偶氮染料的限制要求。

表 3-2　　不同国家或组织对皮革及其制品中禁用偶氮染料含量的要求

国家或组织	限量法规、标准	限量要求/(mg/kg)
欧盟	2002/61/EEC	30
欧盟	鞋类生态标签(2009/563/EC)	30
法国	Notification 97/01431/F	30
荷兰	Law 296/2003	30
国际环保纺织协会	OEKO-TEX Standard 100	不得使用(<20)

（3）含氯苯酚

含氯苯酚类化合物主要包含五氯苯酚（PCP）、四氯苯酚（TeCP）、三氯苯酚（TrCP）。20 世纪 30 年代以来，PCP 和五氯苯酚钠（NaPCP）作为杀菌剂、除草剂、杀虫剂和木材防腐剂在全球范围内广泛使用。20 世纪 90 年代前还曾被广泛用作皮革、纺织等产品的防霉防腐剂。

近年来，含氯苯酚类被鉴定为一种环境内分泌干扰物。含氯苯酚类物质还能与细胞原浆中的蛋白质发生化学反应形成不溶性蛋白质，使细胞失去活性。同时含氯苯酚类物质具有强渗透性，可由皮肤接触，呼吸道吸入或经口、消化道等途径进入机体，并在机体组织中积累，从而使人或动物中毒。

由于在含氯苯酚使用过程中存在环境和健康风险，多个国家先后出台政策禁止了含氯苯酚的使用（表 3-3）。目前，在我国制革行业，含氯苯酚已被淘汰，几乎没有皮革化料厂商生产含有 PCP 的防腐防霉剂。此外，自 2012 年以来，成都海关技术中心（原四川出入境检验检疫局检验检疫技术中心）监测皮革样品 200 余份，也从未发现有含氯苯酚检出。

表 3-3　　不同国家或组织对皮革及其制品中含氯苯酚含量的要求

国家或组织	限量法规、标准	限量要求/(mg/kg)
欧盟	91/173/EEC 五氯苯酚指令	1000(PCP)
德国	德国化学品法案	5(PCP)
荷兰	18. 02. 94 法令	5(PCP)
欧盟	鞋类生态标签(2009/563/EC)	不得使用(<0. 1)
国际环保纺织协会	OEKO-TEX Standard 100	婴儿:0. 05,其他:0. 5(PCP,TeCP) 婴儿:0. 2,其他:2. 0(TrCP)

（4）六价铬（Cr^{6+}）

Cr^{6+}的问题一直是萦绕在皮革行业的一道挥之不去的阴影。虽然制革行业早已于 20 世纪 80 年代淘汰了直接使用 Cr^{6+} 鞣制的工艺，但是由于尚无合适的鞣法能够达到或者接近铬鞣，因此铬鞣仍是皮革行业使用最广、鞣革综合性能最好的一种鞣制方法，约 90%的皮革生产都是采用铬鞣法，使用的三价铬（Cr^{3+}）鞣剂受浴液 pH、加脂剂类型以及贮存条件的影响后仍存在转变为Cr^{6+}的可能。而Cr^{6+}毒性为人所熟知，其毒性是Cr^{3+}的100倍，具有强致癌性和皮肤腐蚀性，因此其在皮革制品中的残留量一直是关注的热点。

德国是最早关注皮革中Cr^{6+}含量的国家，在2010年8月13日，德国正式实施了更加严格的皮革六价铬禁令，要求采用皮革生产的并与皮肤长期接触的消费品，尤其是服装、表带、背包、椅子、沙发、颈袋和皮革玩具，Cr^{6+}含量不得超过3mg/kg。随后，欧盟也于2014年3月26日修订了REACH法规中的附件17，将皮革制品中的Cr^{6+}含量限制在3mg/kg，新规已于2015年5月1日生效。除此之外，2014版的生态纺织品标准OEKO-TEX Standard 100中更是将Cr^{6+}的限量值降低至0.5mg/kg，因此不排除未来欧盟等地区还会发布更加严格的Cr^{6+}限量要求。欧盟Cr^{6+}限量要求的提高对我国皮革制品的出口造成了很大的冲击，据欧盟委员会非食品类快速预警系统（Rapex）数据统计显示，仅2014年第一季度，我国出口欧盟的皮革制品就因Cr^{6+}含量超标受到了13起通报，产品包括女鞋、婴儿鞋、皮手套等。

除了上述化学品外，被国外普遍关注的制革用化学品还包括：致敏染料、致癌分散染料、全氟化合物、短链氯化石蜡等，它们在制革中的用途见表3-4。

表3-4　其他受关注的制革用化学品

化学品类别	制革中的用途	化学品类别	制革中的用途
致癌染料	皮革染色	*N*,*N*-二甲基甲酰胺（DMF）	皮革涂饰
致敏染料	皮革染色	*N*-甲基吡咯烷酮（NMP）	皮革涂饰
全氟化合物（PFOS、PFOA）	防水革生产	邻苯基苯酚（OPP）	皮革防霉防腐
短链氯化石蜡（SCCP）	皮革加脂	可萃取重金属（Pd，Ni，Cd等）	皮革染色颜料等
富马酸二甲酯（DMFu）	皮革防霉		

3.1.2　国内皮革化学品管理法规和技术标准

与国外相比，我国对皮革制品中化学品残留的监管较为落后，主要依赖强制性国家标准GB 20400—2006《皮革和毛皮　有害物质限量》。该标准在制定之初，尚能有效地推动我国皮革行业在化学品管理方面的进步和维护消费者安全、健康。然而随着时间的推移，该标准的不足也逐渐凸显出来，作为行业唯一的强制性国家标准，该标准仅对甲醛和可分解芳香胺染料进行了限量，这与欧美发达国家普遍的要求差距较大，此外其应用范围也常被限定于原料皮革、毛皮中，对于皮革、毛皮产品的监管力度一直较弱；由于强制性国家标准的特殊性，其修订流程较为烦琐，需要耗费大量的时间和精力对安全性进行评估，对生产水平进行调研，因此其更新比较慢，难以迅速跟进国际先进国家或组织在化学品管理上的脚步。

从国家皮革制品质量监督检验中心和成都海关技术中心的日常监测数据来看，我国皮革、毛皮及其制品在甲醛和可分解有害芳香胺染料项目上的合格率可以达到95%以上。由此可见该标准已经很难再推动行业在化学品管理上的继续提升，标准修订时更多的化学品应该被列入限制清单。

在2015年3月，国务院印发了《深化标准化工作改革方案》，我国标准化工作也面临着改革，尤其是对于行业化学品管理影响深远的强制性国家标准，其在归口单位、标准制修订方式、流程和周期上都会有深刻的变化，预期在未来，我国必将出台更为严格，与国外化学品管理联系更加紧密、及时的强制性国家标准。

中国皮革协会作为我国皮革行业的全国性行业组织，从很早以前就开始持续关注国外化学品管理的动态，协助企业应对来自发达国家的技术壁垒。早在1996年，皮革协会就开始查询、调研和整理，制定了《真皮标志生态皮革产品规范》，其中对受限化学品的要求见表3-5。该《规范》自2003年1月起在我国一些制革骨干企业中开始试点运行，然而作为行业协会的规范性文件，《规范》由企业自愿参加，影响力有限，对加强我国皮革行业的化学品管理作用还有待提高。

表3-5　　真皮标志生态皮革产品规范中对受限化学品的要求

项目	最高限量/(mg/kg)	项目	最高限量/(mg/kg)
甲醛	直接与皮肤接触:75;一般:150	五氯苯酚(PCP)	5
Cr^{6+}	5	禁用偶氮染料	30

环境保护部在2009年还制定了HJ 507—2009《环境标志产品技术要求　皮革和合成革》，标准参考了国内外皮革化学品的管理趋势，对皮革中可能用到的9大类化学品及pH、气味制定了限量和限用要求，可以说是一部较为全面的皮革化学品管理标准。然而，当前形势下，环境标志在我国行业中的影响力有限，属于标志认证性质，因此该标准并未引起行业内足够的重视，对于推动皮革化学品管理也没有特别显著的作用。

3.2　制革工业排放污染物中化学品的管控

3.2.1　国内制革工业排放污染物中化学品的管控

皮革行业在产生巨大的经济、社会效益的同时，也对环境造成了一定的污染。《2009

年环保年鉴》统计数据表明，皮革、毛皮、羽毛（绒）及其制品业工业废水排放量高达 2.6 亿 t，占工业废水排放总量的 1.2%；COD_{Cr} 排放 6.4 万 t，占工业废水 COD_{Cr} 排放总量的 1.4%；氨氮排放 0.8 万 t，占工业废水氨氮排放总量的 2.8%。经估算，我国制革及毛皮加工行业产生废水 1.6 亿 t，COD_{Cr}40.4 万 t，总铬 1280t，氨氮 1.6 万 t。经过治理后，排放废水约 1.38 亿 t，COD_{Cr} 约 3 万 t，氨氮 7500t。皮革行业排污量较大，污染比较严重。

当前我国多数皮革加工企业通过循环利用和末端治理的方式来减少制革环境污染，因此环保法规成为推动行业减排的利器，对皮革行业的化学品管理产生了积极的影响。众多制革企业也在生产中有意识地减少某些化学品的使用，以达到国家排污要求。国家环境保护局曾在 1983 年和 1988 年先后颁布了 GB 3549—1983《制革工业水污染物排放标准》和 GB 8978—1988《污水综合排放标准》，为鼓励皮革工业的发展，这两项标准的污染物排放指标相对比较宽松。1996 年，国家环境保护局发布了全国统一的 GB 8978—1996《废水综合排放标准》代替了原有的标准，在该标准中逐步形成了我国皮革行业污染物排放指标体系，该标准的实施也促使皮革行业开始关注、削减、回用和替代铬、硫化物、甲醛、苯酚、五氯酚等化学品。随着国家对环境保护力度的加大，统一的排放标准已经难以跟上皮革化学品管理的脚步，2013 年 12 月，环境保护部发布了 GB 30486—2013《制革及毛皮加工工业水污染物排放标准》，该标准对制革及毛皮加工工业的水污染排放限值、监测和环境影响评价、环境保护设施设计等做出了明确规定，其中对现有企业水污染物排放浓度限值及单位产品基准排水量是行业监管的重点（表 3-6）。新标准的实施对行业造成了很大的影响，不具备污染处理能力的中小企业纷纷关停，行业的产业区集中趋势明显。鉴于传统制革工艺下硫化碱烂毛导致的硫化物污染、石灰浸灰与铵盐脱灰导致的高浓度氨氮环境风险和铬鞣剂潜在的 Cr^{6+} 健康风险，部分制革集中区域如海宁基本淘汰了皮革加工中污染最为严重的鞣前准备和鞣制加工工段，直接使用蓝湿革进行生产。

除严格监察皮革加工企业的污染物排放之外，环境主管部门还通过对企业实施清洁生产审核制度，逐步将清洁生产技术和理念推行到整个行业中。原国家环保总局，后来的环境保护部先后在制革行业发布了 HJ/T 127—2003《清洁生产标准　制革行业（猪轻革)》、HJ 448—2008《清洁生产标准　制革工业（牛轻革)》和 HJ 560—2010《清洁生产标准　制革工业（羊革)》3 项标准，从标准的内容变化上可以看出，标准由最初的注重清洁生产的评价体系逐步开始更深入、更具体地去关注制革加工过程中使用的化学品，在 HJ 560—2010《清洁生产标准　制革工业（羊革)》中明确了不得使用 PFOS、甲醛、禁用偶氮染料、铬媒染料等有毒染料以及含有害重金属的颜料膏。

表 3-6　对现有企业水污染物排放浓度限值及单位产品基准排水量的要求

单位：mg/L（pH、色度除外）

污染物项目	直接排放限值		间接排放限值	污染物排放监控位置
	制革企业	毛皮加工企业		
pH	6~9	6~9	6~9	企业废水总排放口
色度	50	50	100	
悬浮物	80	80	120	
五日生化需氧量	40	40	80	
化学需氧量	150	150	300	
动植物油	15	15	30	
硫化物	1	0.5	1.0	
氨氮	35	25	70	
总氮	70	50	140	
总磷	2	2	4	
氯离子	3000	4000	4000	
总铬	1.5			车间或生产设施废水排放口
六价铬	0.2			
单位产品基准排水量/（m^3/t 原料皮）	65	80	—	排水量计量位置与污染物排放监控位置相同

3.2.2　国内外制革工业排放污染物标准比较

国内外有关制革工业直接排放污染物标准比较结果见表 3-7。由对比数据可见，在现有企业的排放标准中，我国的 COD_{Cr} 指标比意大利、土耳其、德国和印度都要严格；对于氨氮指标，美国、土耳其和印度没有要求，而意大利和德国的要求相对严格，主要因为意大利制革大多是从蓝湿革及半成品革开始加工，并且制革污水集中治理，污水处理的成本较低；意大利对氯离子的要求远低于我国，也是由于其从蓝湿革开始加工，用盐量较低；我国的 BOD_5、悬浮物、动植物油和硫化物等指标均等同于或严于其他国家的标准要求。

各国在制定污染物排放指标时，更多的是考虑制革行业在本国的发展需要以及本国实际的生产管理水平，因此各国标准间存在着较大的差异。我国制革行业排放新标准的发布使我国成为了世界上对制革行业环境污染要求最为严格的国家之一，给我国皮革行业带来了极大的挑战，但也能够促使我国制革企业发展模式的转变，带动产业的转型升级。

表 3-7　　　　　　国内外制革加工行业污染物排放标准的比较

单位：mg/L（pH、色度除外）

污染物项目	中国	意大利	德国	美国	土耳其	印度
pH	6~9	5.5~9.5	6.5~8.5	6~9	6~9	5.5~9
色度	50	—	—	—	—	—
悬浮物	80	80	—	60	150	100
BOD_5	40	40	25	40	100	30
COD_{Cr}	150	160	250	—	200	250
动植物油	15	20	20	—	20	—
硫化物	1	1	2	1	1	2
氨氮	35	15	10	—	—	—
总氮	70	—	—	—	—	—
氯离子	3000	1200	4000	4000	—	—
总铬	1.5	2	1	—	2	2
六价铬	0.2	0.2	0.5	—	—	—

3.3　涂饰工段化学品管控及风险分析

皮革涂饰在制革加工过程中起着非常重要的作用，可赋予皮革高度的美感，延长皮革使用寿命，提高皮革制品的质量和档次。然而，涂饰过程中所用化学品的环境与健康安全性问题也越来越引起关注。3.3 旨在对皮革涂饰工段可能涉及的化学品按性能进行分类总结，特别是对高风险化学品的功效及其国内外受限情况进行梳理，为我国皮革行业化学品的监管和制革企业的应用提供可靠的数据，为皮革化工企业研发环境友好替代产品提供一些值得关注的信息，以促进皮革行业科技与环境管理水平的提升。

3.3.1　皮革涂饰材料中的化学品

皮革涂饰剂主要由成膜剂、着色剂及溶剂按一定比例配制而成，并根据涂料及成膜性能的要求添加不同的助剂，如渗透剂、增塑剂、流平剂、交联剂、流变剂、手感剂及其他助剂等。据不完全统计，仅皮革涂饰工段可能涉及到的化学品就多达350余种，详见表3-8。

表 3-8　　　　皮革涂饰工段可能涉及的化学品

用途和功能	化学品
成膜剂	聚氨酯类树脂、丙烯酸类树脂、硝化棉类光亮剂、蛋白类黏合剂、丁二烯树脂
染料、颜料	含有偶氮基的偶氮染料、含有硝基和亚硝基的染料、含有二芳基和三芳基甲烷结构的芳甲烷染料、含羟基或氨基蒽醌及其磺酸衍生物的蒽醌染料、含有稠环酮类结构或其衍生物的染料、含有靛蓝或类似结构的靛族染料、用硫或多硫化钠的硫化作用制成的硫化染料、含有酞菁金属络合结构的酞菁染料、苯醌的 1 个或 2 个氧置换成亚胺基结构的醌亚胺染料、含有能与纤维发生反应的反应性基团、与纤维生成共价键的反应性染料
溶剂	水、*N*,*N*-二甲基甲酰胺、*N*,*N*-二甲基乙酰胺、1-甲基-2-吡咯烷酮、*N*-乙基-2-吡咯烷酮、2-丁氧基乙醇、环己酮、异佛尔酮、甲醇、乙醇、苯酚、丙酮、乙酸乙酯、苯、正丁醇、甲基异丁基酮、乙酸正丁酯、二甲苯、甲苯、苯乙烯、1,2-二氯苯、1,3-二氯苯、1,4-二氯苯、苯乙酮、甲乙酮、异丙醇、二氯甲烷、三氯甲烷、乙苯、正己烷、2-甲氧基乙酸乙酯、硝基苯、双(2-甲氧基乙基)醚、1,3,5-三甲基苯、二氯二氟甲烷、一氯甲烷、氯乙烯、溴甲烷、氯乙烷、三氯一氟甲烷、1,1-二氯乙烯、二硫化碳、苯基二氯化磷、甲基叔丁基醚、1,1-二氯乙烷、1,2-二氯乙烷、1,1,1-三氯乙烷、1,1,2-三氯乙烷、1,1-二氯丙烯、四氯化碳、三氯乙烯、一溴二氯甲烷、顺式-1,3-二氯丙烯、4-甲基-2-戊酮、反式-1,3-二氯丙烯、四氯乙烯、2-己酮、1,3-二氯丙烷、1,2-二溴乙烷、1,1,1,2-四氯乙烷、异丙苯、4-溴氟苯、溴苯、4-氯甲苯、叔丁基苯、1,2,4 -三甲基苯、丁苯、1,2-二溴-3-氯丙烷、1,2,3-三氯苯、1,2,4-三氯苯、六氯丁二烯、萘、1-甲基萘、2-甲基萘等
交联剂	甲醛、戊二醛、氮丙啶、2,2-二甲基氮丙啶、2-丙基氮丙啶、顺-2,3-联苯基-1-丙基氮丙啶、1-甲基-2-(三氟甲基)氮丙啶、2-乙基氮丙啶、2-甲基氮丙啶、1,1′-(1,3-苯二甲酰)双(2-甲基-氮丙啶)、1,2,7,8-二环氧酮、聚碳化二亚胺、多亚甲基多苯基多异氰酸酯、多异氰酸酯等
流平剂	己内酰胺、二乙二醇、含氟丙烯酸酯聚合物、全氟羧酸铬铝络合物、*N*-乙基-2-吡咯烷酮、异丙醇、2-羟基乙基二甲基-3-硬脂酸酰胺丙基硝酸铵、丙二醇、异丁醇、氨水、2-丁氧基乙醇、二丙二醇甲醚、醋酸-丁酸纤维素、硝酸纤维素、聚己内酰胺、聚己内酯多元醇、聚己二酸-1,3-丁二醇酯、聚乙二醇、聚乙烯醇、六亚甲基四胺、碳化硅等
增塑剂	氯化石蜡、邻苯酸二甲酯类、松节油、马来酸二辛酯、3,5,6-三氯吡啶-2-醇、磷酸甲苯二苯酯等
去污、防水剂	全氟辛烷磺酸(PFOS)及其盐、酯类衍生物;全氟辛酸(PFOA)化合物;氟丙烯酸酯、硬脂酸络铬铝防水剂、硬脂酸氯化铬防水剂、硬脂酸络铬铝锆防水剂等
阻燃剂	氯化石蜡、三-(2,3-二溴丙基)-磷酸酯、二-(2,2-二溴丙基)-磷酸酯、多溴联苯、三-(氮环丙基)-膦化氧、五溴联苯醚、六溴联苯醚、1,2,5,6,9,10-六溴环十二烷、三氯氧磷、季戊四醇、三聚氰胺、十溴二苯醚、十溴二苯乙烷、氢氧化铝、红磷、聚磷酸铵、磷酸酯、五氧化二磷等
手感剂	羧基改性硅油、氨基改性硅油、聚醚改性硅油、端羟基聚二甲基硅氧烷、硅油、硅橡胶、硅树脂、聚二甲基硅烷、甲基含氢硅油、苯甲基硅油、含氢硅油、羟基硅油等
软化剂	十六烷基三甲基氯化铵、环己醇、牛油、鱼油、蓖麻油、沥青、双二甲基氯化胺、双十八烷基二甲基氯化铵、十八醇、十六烷基三甲基氯化铵、十二烷基二甲基苄基氯化铵、八甲基环四硅氧烷、高碳醇等

续表

用途和功能	化学品
其他	异氰尿酸三缩水甘油酯、三乙胺、重铬酸铵、磷酸钠二水、碳化硅、环已醇、七水硫酸镁、2-甲基-2　,4-戊二醇、三棕榈酸铝、丙烯酸树脂乳液填充剂、水乳性聚氨酯填充树脂、环烷酸铝填充剂、硬脂酸钙、硬脂酸铝、偶氮二甲酰胺、对甲苯磺酰肼、苯磺酰肼、虫蜡、蜂蜡、棕榈蜡、聚乙烯蜡、硅藻土、高岭土、白炭黑、聚甲基脲树脂、氟丙烯酸酯、硝化棉、酚醛树脂、正戊烷、异戊烷、环戊烷、乙二胺四乙酸、丁二酮肟、双硫腙、8-羟基喹啉、乙酰基丙酮、山梨醇酐单硬脂酸酯、次氯酸钠、氧化锌、黄酮、氟硅聚合物、磷酸三丁酯、聚丙二醇、硫酸化脂肪醇醚、脂肪醇聚氧乙烯醚等

注：表 3-8 所列部分化学品并非有意使用，而是进入皮革涂饰工段可能随意使用的化学品。

3.3.2　皮革涂饰工段高风险化学品的作用功效及其限量要求

3.3.2.1　染料、颜料

染料和颜料是皮革涂饰中的主要着色物质，其中偶氮染料因其耐光、耐水洗以及匀染性好等优点而成为染料品种中数量最多的一类，目前纺织、皮革、塑料、化妆品及食品等行业半数以上的染料品种为偶氮染料。然而，某些含有芳香胺的偶氮染料经研究表明对人体有致癌作用，许多国家都出台了相应的法规限制该类染料的生产和使用；此外，某些会引起人体或动物的皮肤、黏膜或呼吸道过敏的致敏类染料也受到了广泛关注，见表 3-9。

表 3-9　　　　不同国家或组织对于有害染料的限量要求

国家或组织	法规、指令	限量要求
欧盟	2002/61/EEC	可释出浓度超过 30mg/kg 被禁芳香胺的偶氮染料，不得用于与人体皮肤或口腔长期直接接触的纺织品或皮革制品当中；对于 2005 年 1 月 1 日之前由再生纤维制成的纺织品可放宽至 70mg/kg
	鞋类和纺织品生态标签	不得使用致癌、致突变和致敏类染料
国际环保纺织协会	OEKO-TEX Standard 100	不得使用致癌、致突变和致敏类染料
德国	《食品及日用品消费法》	染色纺织品和其他日用消费品中 20 种致癌芳香胺的限值为 30mg/kg，染料原料的限值为 150mg/kg
韩国	安全质量标志法案（KC 标志）	鞋类、衣物中致癌芳香胺染料的限值为 30mg/kg；婴儿装、童装和成人内衣裤中不得检出致癌、致突变和致敏类染料
日本	《家居用品中有害物质管制法》	含偶氮染料的纺织品、皮革和/或毛皮制品不应在日本市场销售

续表

国家或组织	法规、指令	限量要求
中国	GB 18401—2010《国家纺织品基本安全技术规范》	致癌芳香胺的限值为 20mg/kg
	GB 20400—2006《皮革和毛皮　有害物质限值》	可分解有害芳香胺染料限值为 30mg/kg

禁用偶氮染料的检测原理是用不同的方法把织物上的染料萃取下来，进行还原分解，再对还原产物用气相色谱-质谱联用仪或液相色谱仪来进行检测，检测其裂解后的产物。国内外针对纺织品、皮革中禁用偶氮染料的检测分析标准详见表 3-10。

表 3-10　　国内外对于纺织品或皮革中偶氮染料的测试标准

标准编号	标准名称
ISO 17234-1:2020 (IULTCS/IUC 20-1)	皮革—测定染色皮革中某些偶氮着色剂的化学试验—第 1 部分:从偶氮着色剂衍生的某些芳香胺的测定
ISO 17234-2:2011 (IULTCS/IUC 20-2)	皮革—测定染色皮革中某些偶氮着色剂的化学试验—第 2 部分:对氨基偶氮苯的测定
GB/T 17592—2011	纺织品　禁用偶氮染料的测定
GB/T 19942—2019	皮革和毛皮　化学试验　禁用偶氮染料的测定

颜料通常分为合成有机颜料和无机颜料，由于无机颜料多数是金属氧化物，其可能存在的重金属对人体和环境的危害依然令人担忧，尤其是广为人知的六价铬、镉、铅等备受关注，其在纺织品和皮革当中的相关限量要求见表 3-11，相关测试标准见表 3-12。

表 3-11　不同国家、地区或组织对于六价铬、镉、铅在纺织品或皮革中的限量要求

化学品	国家	法规、指令、标准	最终产品或测试部件中的最大限值/(mg/kg)
六价铬	德国	德国《商品条例修正案》第十八条规定	3
	中国	《真皮标志生态皮革产品规范》	5
		HJ 507—2009《环境标志产品技术要求　皮革和合成革》	5
镉	荷兰	荷兰镉法令	染料、颜料中不得超过 100
	欧盟	镉指令 91/338/EEC	液态涂料中不得超过 100
	中国	HJ 507—2009《环境标志产品技术要求　皮革和合成革》	0.1
铅	丹麦	关于销售、进口和制造铅和含铅产品的禁令	100
	韩国	韩国安全质量标志法案(KC 标志)	90
	中国	HJ 507—2009《环境标志产品技术要求　皮革和合成革》	A 类:0.2;B、C 类:0.8

表 3-12　　　　纺织品或皮革中六价铬、镉、铅的测试标准

化学品	标准编号	标准名称
六价铬	ISO 17075	皮革—化学试验—六价铬含量的测定
	GB/T 22807—2019	皮革和毛皮　化学试验　六价铬含量的测定：分光光度法
	GB/T 17593.3—2006	纺织品　重金属的测定　第 3 部分：六价铬　分光光度法
镉、铅	GB/T 17593.1—2006	纺织品　重金属的测定　第 1 部分：原子吸收分光光度法
	GB/T 17593.2—2007	纺织品　重金属的测定　第 2 部分：电感耦合等离子体原子发射光谱法
	GB/T 22930.1—2021	皮革和毛皮　金属含量的化学测定　第 1 部分：可萃取金属
	GB/T 22930.2—2021	皮革和毛皮　金属含量的化学测定　第 2 部分：金属总量

3.3.2.2　挥发性有机溶剂

有机溶剂是溶剂型涂料配方中的一个重要组成部分，不仅可以用来溶解涂饰材料、降低黏度以改善加工性能，还影响涂料的黏结性、耐久性以及表观性能等。尽管水性涂料已逐渐替代了溶剂型涂料，但其在涂膜亮度和涂层光滑性能上仍无法与溶剂型相比，即使是水性涂料，仍会含有少量有机溶剂。此外，一些特殊种类皮革的涂饰仍不可避免地要使用溶剂型涂饰剂或有机溶剂。涂饰材料中所含的有机溶剂最终会挥发到大气中，不仅会破坏臭氧层和加剧温室效应，部分致癌、致畸和致突变性质的溶剂也存在对人类健康危害的风险。皮革中被限制使用的部分有机溶剂见表 3-13。

表 3-13　　　　不同国家或组织对于 VOCs 的限量要求

国家或组织	法规、标准	限用对象	限量要求
国际环保纺织协会	OEKO-TEX Standard 100	纺织品、皮革	*N*,*N*-二甲基甲酰胺、*N*,*N*-二甲基乙酰胺和 1-甲基-2-吡咯烷酮残留量不得高于 0.1%（质量分数）
美国	加州 65 号提案	室内空气	总挥发性有机物含量低于 0.5mg/m^3
中国	GB/T 18883—2022《室内空气质量标准》	室内空气	总挥发性有机物 8h 内的平均值应≤0.6mg/m^3

越来越多的研究开始关注挥发性有机溶剂（Volatile Organic Compounds，VOCs）在各种产品中的检测，采用的方法多为气相色谱法、气相色谱-质谱联用法。现有的检测标准如 ISO 10580：2010《弹性、纺织品和层压地板覆盖物—对于挥发性有机化合物排放量的测试方法》、GB/T 32367—2015《胶鞋　整鞋挥发性有机物（VOC）含量的测定》，大多只针对总体的 VOCs 含量是否超标进行限定，而较少对单一物质进行定性定量分析。随着化学品环境管理对技术和科学依据的迫切需要，有必要对 VOCs 中有潜在风险的各个化学

品进行鉴定，建立完善的检测标准体系或方法，从源头进行风险管理和控制。

3.3.2.3 助剂

随着消费者对革制品要求的不断提高，皮革涂饰材料中还常需要加入各种各样的涂饰助剂，以达到某种特定性能要求，尽管其用量相对较少，但其中也可能包含了一些对人体和环境有潜在危害的化学品。

（1）甲醛

皮革涂饰中，甲醛是一种有效的交联剂。作为一种多组分的混合物，涂饰材料中的成膜剂、着色剂及助剂中都有可能产生游离甲醛，而绝大多数丙烯酸和蛋白涂饰剂以及大部分的聚氨酯涂饰剂也可能采用甲醛交联。由于甲醛的危害已被人们熟知，中国、德国、法国、荷兰、日本等国家，欧盟等地区，国际环保纺织协会等组织均对皮革中的甲醛有明确规定，限量标准也从 16mg/kg 到 1500mg/kg 不等。我国现行的关于甲醛含量测定的标准多采用乙酰丙酮分光光度法和高效液相色谱法，具体详见表 3-14。

表 3-14　　皮革及相关涂饰产品中甲醛含量测试标准

标准编号	标准名称
GB/T 19941.1—2019	皮革和毛皮　甲醛含量的测定　第 1 部分：高效液相色谱法
GB/T 19941.2—2019	皮革和毛皮　甲醛含量的测定　第 2 部分：分光光度法
GB/T 19941.3—2019	皮革和毛皮　甲醛含量的测定　第 3 部分：甲醛释放量
QB/T 4201—2011	皮革化学品　树脂中甲醛含量的测定
GB/T 23973—2018	染料产品中甲醛的测定
GB/T 23993—2009	水性涂料中甲醛含量的测定　乙酰丙酮分光光度法

（2）全氟辛烷磺酸

全氟辛烷磺酸（Perfluorooctanoic Acids，PFOS）因拥有较低的表面张力和临界胶束浓度，以及防水、拒油和特殊表面活性等优点，在纺织品、皮革、造纸等众多领域有着广泛应用。然而 PFOS 具有很高的稳定性，难以被生物降解，是一类持久性有机污染物，其被生物体摄取后会蓄积在肝脏和肌肉组织中，具有全身多脏器毒性。因此，很多国家和地区对 PFOS 的使用制定了限制法规或指令，具体详见表 3-15。此外，全氟辛酸（Perfluorooctane acid，PFOA）、全氟十一酸、全氟十二酸、全氟十三酸以及全氟十四酸等因被怀疑具有与全氟辛烷磺酸相似的危害，也被列入 OEKO-TEX Standard 100 标准有害物质目录。

目前，国内外针对全氟类化合物的检测大都通过有机溶剂萃取、液相色谱-质谱联用技术进行分析，具体详见表 3-16。

表 3-15　　不同国家或组织对于全氟类化合物的限量要求

国家或组织	法规、标准	限量要求
国际公约	《关于持久性有机污染物的斯德哥尔摩公约》	将全氟辛基磺酸及其盐类和全氟辛基磺酰氟等9种持久性有机污染物列入公约受控清单
欧盟	《关于限制全氟辛烷磺酸的销售及使用指令》	以 PFOS 为构成物质或要素的，浓度或质量等于或超过 0.005%的将不得销售； 成品和半成品中浓度或质量等于或超过0.1%的禁止销售
	(EC) No850/2004《持久性有机污染物》	PFOS 存在于物质、配制品中时小于或等于 10mg/kg； 半成品或零件中，不得超过 1000mg/kg； 纺织品或涂层材料中不得超过 1μg/m²
瑞典	关于全氟辛烷磺酸的禁用报告-瑞典 51 号通报（GTBT/N/SWE/51）	PFOS 和可降解为 PFOS 的物质不能投放瑞典市场或进行专业性使用(除航空液压油)
美国	持久性污染物黑名单	禁止生产和使用 PFOS 类化合物

表 3-16　　纺织品或皮革中全氟类化合物的测试标准

标准编号	标准名称
GB/T 29493.2—2021	纺织染整助剂中有害物质的测定　第 2 部分：全氟化合物(PFCs)的测定
GB/T 31126—2014	纺织品　全氟辛烷磺酰基化合物和全氟羧酸的测定
QB/T 4554—2013	鞋类　化学试验方法　全氟辛烷磺酸盐和全氟辛酸的测定　液相色谱-串联质谱法

（3）短链氯化石蜡

短链氯化石蜡（Short Chained Chlorinated Paraffins，SCCPs）是一类碳原子数为 10~13 的正构烷烃氯化衍生而成的复杂混合物，具有耐火性、低挥发性、电绝缘性等优点，常用作金属加工润滑剂、油漆、橡胶、制革加工助剂及阻燃剂等。然而，因其具有环境持久性、生物蓄积性和生物毒性，可长距离迁移，所以备受关注。2000 年，欧盟发布的水框架指令将 SCCPs 列为水资源管理领域的首要危险物质；作为第一批被列入欧盟 REACH 法规高度关注物质清单的化学品，SCCPs 在全球范围内的生产和使用受到严格限制。由于碳链长度和氯化程度的不同，SCCPs 是非常复杂的混合物，目前的定量分析方法很难对其进行逐个分离和测定，国际国内对 SCCPs 的分析测定主要采用气相色谱-质谱联用的方法。虽然国际标准化组织已有 3 项测试 SCCPs 含量的方法（表 3-17）分别针对废水、废渣和皮革样品，但由于 SCCPs 结构复杂，通常以多种同分异构体并存的形式存在，色谱峰呈现簇峰，分离困难，因此其检测的难度极大，很难将其准确定量，测试方法仍需研究以完善。

表 3-17　　短链氯化石蜡的测试标准

标准编号	标准名称
ISO 12010:2019	水质　水中短链多氯代烷烃(SCCP)的测定　气相色谱-质谱分析法(GC-MS)和负离子化学电离法(NCI)
ISO 18635:2016	水质　沉积物、污泥和特殊悬浮物中 SCCPs 的测定，利用 GC-MS 和 NCI 测定
ISO 18219-1:2021	皮革中氯代烃的测定　第 1 部分：短链氯化石蜡色谱方法(SCCPs)

3.4　发展现状与存在问题

制革原料皮本身并不含有害化学品，制革行业中产生的所有有害化学品均是在制革加工过程中引入的。因此，皮革化学品是有害化学品的源头，只有管理好源头才能切实降低因使用有害化学品给人体、生态和环境带来的风险。然而，皮革化学品的安全管理与风险控制的理念刚刚引入国内皮革行业，在化学品筛查评价方法的技术方面还依赖相关环境学科的发展，以及国家层面整体监管法规的完善和监管技术的提高。此外，我国皮革产品标准以及检测方法标准的制修订比较缓慢，且对可能高度关注的皮革化学品的测试方法和技术标准的研究严重缺乏，难以与国际接轨。因此，我国现有的皮革化学品管理主要是针对国内外对皮革及皮革制品的要求，而不能对具有潜在风险的化学品实现预防性监管。正因为缺乏基于风险控制的预防性原则，当然还谈不上风险管理。这使得我国皮革化学品生产企业的研发也严重滞后于产品要求，造成了国外皮革化学品生产厂商对国内高档产品市场的垄断。

针对目前国内外皮革行业均缺乏行之有效的化学品风险管理方法，我国应迅速建立皮革化学品中有害化学物质的识别、判断和评估机制，对制革行业优先控制的化学品应建立覆盖皮革化学品、皮革制品以及皮革“三废”的全面监管机制，采取实际有效的措施防范和控制化学品暴露，转移、降低和避免化学品的环境和健康风险，进而研究开发环境友好的替代产品，减少有毒有害化学品的使用与排放，维护消费者的健康安全，保护生态环境，提高行业风险意识，指导企业有效应对发达国家的绿色贸易壁垒，促进行业经济发展和社会进步。

参考文献

[1] 桑军，王梦頔，俞凌云，等．皮革行业化学品的管理现状［J］．生态毒理学报，2015，10（2）：123-130.

[2] 白坚．皮革工业手册：制革分册［M］．北京：中国轻工业出版社，2000：185-186.

[3] Miretzky P，Cirelli A F. Cr（VI）and Cr（Ⅲ）removal from aqueous solution by raw and modified lignocellulosic materials：a review［J］．Journal of Hazardous Materials，2010，180（1）：1-19.

[4] Kolomazník K，Adámek M，Andel I，et al. Leather waste—potential threat to human health，and a new technology of its treatment［J］．Journal of Hazardous Materials，2008，160（2）：514-520.

[5] 单志华．制革化学与工艺学：下［M］．北京：科学出版社，2008.

[6] 吕生华，马卿．皮革化学品［M］．2版．北京：化学工业出版社，2008.

[7] 周华龙，何有节．皮革化工材料学［M］．北京：科学出版社，2010.

[8] Puvaneswari N，Muthukrishnan J，Gunasekaran P. Toxicity assessment and microbial degradation of azo dyes［J］．Indian Journal of Experimental Biology，2006，44（8）：618-626.

第四章
制革工业典型化学品管控及风险分析

4.1 防腐防霉化学品

4.1.1 制革工业中主要防腐防霉方法

制革原料皮和成品革中的蛋白质、油脂、水分、矿物质等是微生物生长的营养源，当环境条件满足时，微生物就会大量繁殖从而引起原料皮的腐烂和半成品、成品革的霉变，导致皮革感官质量和物理性能的下降，严重影响皮革的加工、销售和使用。因此，皮革原料皮的防腐和半成品、成品革的防霉处理是现代制革过程中不可或缺的重要步骤。

皮革常见的防腐防霉方法可分为物理法、生物法和化学法。物理法主要有干燥和冷藏保存等，可应用于原料皮的防腐，但受到气候条件和成本的限制未能普遍采用。生物法则又可分为抗生素法和酶抑制剂法两种，抗生素法是将盐酸强力霉素、环丙沙星和四环素等广谱抗生素用于原料皮的短期防腐；酶抑制剂法则利用酶抑制剂使鲜皮中的水解酶失活，减小对胶原的损害，酶抑制剂通常配合化学抗菌剂用于原料皮防腐。化学法是将化学防腐防霉剂喷洒、涂抹在皮革表面，或在浸水、浸酸、加脂、涂饰等工段加入防腐防霉剂以达到抑制微生物生长的目的，也是目前最主要的防腐防霉方法。此外，皮革的防腐防霉处理还可采用熏蒸、辐射等方法，但因存在污染和安全性风险，不适宜推广。

4.1.2 制革工业中的防腐防霉化学品

制革工业中防腐剂和防霉剂是一类重要的加工助剂。防腐剂主要针对细菌，防霉剂主要针对霉菌，二者的作用对象不同，但是机理相近，主要是采用消灭微生物和破坏微生物生长环境的方法来控制其在皮革内的生存和繁殖。目前，市售的防腐剂和防霉剂通常兼具防腐和防霉的功效。市场上这类产品种类繁多，其涉及的化学品约有400种，按照其化学结构分类可分为无机类、有机酚及卤代酚类、有机酸类、季铵盐类化合物等，详见表4-1。

表4-1　皮革工业涉及的防腐防霉化学品

类型	防腐防霉化学品
无机化合物	氯化钠、氯化钾、硅酸盐、硼酸及其盐、二氧化氯、亚氯酸钠、氯气、次氯酸及其盐、氟硅酸钠、臭氧、高锰酸钾、碘化物、硫酸铜、氯化亚铜、亚硫酸盐、焦亚硫酸盐等
有机酚及卤代酚	酚类主要包括苯酚、邻苯基苯酚、甲酚、二甲酚、2-萘酚、乙萘酚、对硝基苯酚等 卤代酚主要有溴代酚、三氯苯酚、五氯苯酚、四氯苯酚、对氯间甲酚、对氯间二甲酚、2,2′-亚甲基二氯代酚、二氯苯氧基氯代酚、邻氯对硝基酚、五氯酚胍等
醇类化合物	乙醇、苯甲醇、卤代硝基烷醇类、三羟甲基丙烷等
醛类化合物	甲醛、戊二醛、对硝基苯甲醛、卤代肉桂醛、呋喃甲醛等
有机酸类化合物	苯甲酸、脱氢乙酸、双乙酸钠、氯乙酸、氟乙酸、山梨酸及其盐、卤代苯氧乙酸、烷基硫氰酸、烷氨基硫代甲酸、水杨酸、卤代水杨酸、硫代水杨酸、过氧乙酸等
酯类化合物	富马酸二甲酯、羟基苯甲酸酯、卤代水杨酸酯、卤代乙酸苯酯、卤代乙酸苯甲醇酯、五氯苯基十二烷酸酯、月桂酸五氯苯酯、2-苯并咪唑基氨基甲酸甲酯等
酰胺类化合物	水杨酰苯胺、卤代乙酰胺、氨基苯磺酰胺、四氯间苯二甲腈、*N*-(2,2-二氯乙烯基)水杨酰胺、*N*-(3,5-二氯苯基)丁二酰亚胺等
季铵盐化合物	十二烷基苄基二甲基氯化铵(洁尔灭)、十二烷基苄基二甲基溴化铵(新洁尔灭)、十六烷基三甲基溴化铵(1631BR)、烷基吡啶盐酸盐等
杂环化合物	苯并噻唑、2-硫氰基甲基硫代苯并噻唑、2-甲基-4-异噻唑啉-3-酮、5-氯-2-甲基-4-异噻唑啉-3-酮、1,2-苯并异噻唑啉-3-酮、正辛基异噻唑啉酮、苯并咪唑及其盐、巯基苯并咪唑及其盐、六氢三羟乙基均三嗪、硝基吡啶、8-羟基喹啉及其盐、二甲噻二嗪、5,6-二氯乙苯并恶唑啉酮等
有机硫化合物	双三氯钾砜、大蒜素、双苯甲酰二硫、卤代吡啶甲硫醚、巯基吡啶、五氯硫酚、2,2′-二烃基-5,5′-二氯二苯基甲烷等
有机金属化合物	三丁锡化合物、三苯基锡化合物、二丁基锡化合物、二辛基锡、五氯酚锌、丙烯酸铝、有机汞化合物、有机锌化合物等
有机氯类	2,4,5-涕、艾氏剂、氯甲桥萘、氯丹、滴滴滴、滴滴伊、滴滴涕、狄氏剂、异狄氏剂、七氯、七氯环氧物、六氯代苯、六氯化苯、异艾氏剂、开蓬、十氯酮、林丹、高丙体六六六、甲氧滴滴涕、灭蚁灵、乙滴滴、五氯硝基苯、碳氟灵、毒杀芬、卤化二联类(包括16种多氯联苯)、卤化三苯类包括多氯三联苯、卤化萘类化合物、卤化二芳基烷烃类、卤化二苯甲烷(包括单甲基二溴二苯甲烷、单甲基二氯二苯甲烷、单甲基四氯二苯甲烷)

4.1.3 防腐防霉化学品的作用功效及其安全性分析

4.1.3.1 无机盐类

无机防腐剂的典型代表是氯化钠（NaCl），制革原料皮防腐普遍采用的盐腌法就是利用 NaCl 使鲜皮脱水，并且高浓度的盐环境产生高渗透压，从而有效抑制细菌等微生物的生长繁殖。NaCl 本身无毒害、防腐效果显著，且操作简便、物美价廉，但传统的盐腌法 NaCl 用量较大，甚至达到原料皮重的 40%~50%，造成制革废水中的氯离子（Cl^-）负荷很高。近年来，NaCl 在制革工业中的使用受到了越来越多的关注，环境保护部科技标准司 2006 年颁布的《制革、毛皮工业污染防治技术政策》中明确提出倡导使用“低盐保存、循环用盐”；2013 年 12 月，环境保护部和国家质检总局联合发布的最新国家强制标准 GB 30486—2013《制革及毛皮加工工业水污染物排放标准》中，对企业排放废水中的 Cl^- 含量提出了明确的限量要求，要求制革企业直接排放的废水中 Cl^- 含量不高于 3000mg/L，间接排放的废水中 Cl^- 含量不高于 4000mg/L，毛皮加工企业废水中 Cl^- 含量不高于 4000mg/L。新行业政策、法规及标准的陆续发布使 NaCl 在制革工业中的应用受到越来越严格的限制。

氯化钾（KCl）也可用于原料皮的防腐，但成本比 NaCl 高很多，并且 KCl 的溶解度受温度影响较大，另外废水和污泥中高浓度 KCl 对环境的影响仍需进一步研究。硫酸钠（Na_2SO_4）的性质与 NaCl 相似，有抑菌性，将其用于防腐能有效减少制革废水中氯化物含量，不过硫酸盐的过量使用也同样存在破坏生态环境的风险。

另外，硼酸、硅酸盐、焦亚硫酸钠等无机盐也可用于原料皮的短期防腐。尽管使用 NaCl 的盐腌防腐法目前面临环境问题的挑战，但是其他单一无机化学品在成本、环保、保存期及操作复杂性等方面亦存在不足，所以通常只作为防腐防霉产品的辅助成分。

4.1.3.2 合成类防腐防霉剂

目前，合成类防腐防霉剂产品占很大市场份额，在制革加工过程和成品革产品中普遍使用，主要包括：醇类、酚类、酯类、酰胺类、有机酸类、苯并噻唑类、异噻唑啉酮类、季铵盐类等。合成类防腐防霉剂具有速效、杀菌效果优良和药效持续时间长等优点，但同时也存在容易产生耐药性微生物等问题，仍需进一步研究和改进。

（1）苯酚类

苯酚类曾是用量最大的合成类防腐防霉剂产品，常见的包括三氯苯酚（TCP）、五氯苯酚（PCP）、邻苯基苯酚（OPP）、对氯间甲基苯酚（CMC）等。PCP 在高浓度下，能与皮中的蛋白质反应，使粒面变粗、变硬，并且燃烧后释放的氯化苯并喹啉和呋喃具有致癌作用。TCP 也具有较大的毒性。OPP 作为杀菌剂，对人体和环境相对比较安全，但也有人认为它是一种致癌物质。随着环保法规的日益严格，苯酚类防腐防霉剂的使用受到了严格限制，将逐渐被其他种类产品替代。

（2）醇类

常用的醇类防腐防霉剂包括乙醇、苯甲醇、卤代硝基烷醇类、三羟甲基丙烷等，通常用作辅助成分。

醇类化合物中的聚乙二醇（PEG）是一种亲水、低毒、低环境危害、可生物降解、对酸碱稳定的非渗透性大分子物质。其突出特性是与各种溶剂的广泛相容性和吸湿性。将其应用于鲜皮，皮内外可产生较高渗透压使原皮迅速脱水，而且不会使蛋白质变性或与蛋白质发生特异性反应，已有这方面的研究报道。

溴硝丙二醇具有广谱抑菌性，对革兰氏细菌、真菌、放线菌等抑制作用强，且抑菌浓度低；具有较好的水溶性和油溶性，在弱碱性（pH7~9）和高蛋白环境中抗菌活性高。肖剑国等人研究发现，溴硝丙二醇在合理使用范围内（0.02%~0.05%）是一种无毒、无过敏作用的防腐材料。

（3）有机酸类

常见的有机酸类杀菌剂有苯甲酸、双乙酸钠（SDA）、脱氢乙酸（DHA）等。SDA 是一种高效、广谱抗菌防腐剂，其防腐作用源于乙酸对类脂物溶解性好，能有效渗透到微生物的细胞壁干扰细胞内各种酶作用；同时可降低水分活度，使菌体蛋白质变性脱水而死亡。将其用于生皮保存，效果显著，且生皮可不经干燥直接保持鲜皮状态。

DHA 对多种腐败菌、病原菌和酵母菌等有较强的抑制作用，对霉菌、酵母菌的抑制作用更强；且抑菌浓度低，抗菌能力随 pH 不同而变化。在酸性时作用强，属于酸型防腐剂。

（4）酯类

酯类杀菌剂如富马酸二甲酯（DMFu）、尼泊金酯等，由于毒性低、分解产物与生物体相容性好，在工业中已获得广泛应用。DMFu 能有效抑制和杀灭多种霉菌、酵母菌及细菌，并兼有杀虫活性。其防腐机制为：通过接触和熏蒸双重途径，分子状态的 DMFu 能顺利穿透微生物的细胞膜进入细胞，有效地抑制微生物细胞的分裂，并通过对酶活性的抑制影响微生物的呼吸作用，从而控制其生长繁殖。2008 年，法国指出中国的多款真皮产品因使用了 DMFu 造成使用者产生严重的荨麻疹症状，之后 DMFu 的使用开始受限。事实上，国内外早先已有对 DMFu 毒性研究的较多报道，已明确它属低毒物质；产品中含有的一定量不完全酯化的 DMFu、马来酸单甲酯以及残留的甲醇是对皮肤和黏膜带来刺激性的主要原因。DMFu 对人体健康和环境的风险性评估仍需更多的证据。

尼泊金酯即对羟基苯甲酸酯，包括其甲酯、乙酯、丙酯、异丙酯等。主要通过抑制微生物细胞的呼吸酶系与电子传递酶系的活性以及破坏微生物的细胞膜结构来达到抗菌防霉的目的。尼泊金酯对霉菌、酵母菌和细菌有广泛的抗菌作用，其抗菌性随醇烃基碳原子数增加而增加，而溶解度则相反，通常将几种酯混合使用，既能增加溶解度又能增效抗菌性。该类抗菌剂用量小，抑菌范围广，在有效浓度范围内对人体无害，且易于被人体代谢排除。SPI 公司的 liquapar oil、S&M 公司的 EUXYLK300、NIPA 的 phenonip 等，主要成分均为尼泊金酯类。

（5）季铵盐类

季铵盐类杀菌剂主要为水溶性的阳离子表面活性剂，其抗菌机理主要是吸附于带负电荷的细菌表面，渗透、扩散进入细胞，改变细胞膜的通透性，继而穿入细胞内部使胞内酶和结构蛋白质变性从而杀死微生物。但季铵盐杀菌持续时间短，细菌对其易产生抗性，且使用剂量大（100mg/L 以上），费用较高。为了克服这些缺点，国内外又进行了一些新的研究。如将季铵盐聚合成高分子或将季铵盐基接枝在高分子链上以改善季铵盐的杀菌性能。目前，市售产品中美国 DowChemical 公司的 Dowicil 200，美国道康宁公司的 AEM 5700，北科绿洁环保的 BF-301（聚双季铵盐），洁尔灭和新洁尔灭等都属于季铵盐类抗菌剂。

（6）苯并噻唑类

苯并噻唑类杀菌剂主要有巯基苯并噻唑（MBT）和 2-(硫氰基甲硫基）苯并噻唑（TCMTB）。MBT 具有广谱杀菌作用，但其毒性较大。将 MBT 与溴氯甲烷和硫氰酸铵在丙酮中反应可制得 2-硫氰基甲硫基苯并噻唑（TCMTB）。文武等人通过杀菌防霉实验表明，TCMTB 不仅能有效地抑制原皮上常见的有害细菌，而且还可以抑制皮革上的黑曲霉、桔青霉、黄曲霉等霉菌。同时，根据毒性试验得知，TCMTB 的 LD_{50} 为 1271mg/kg，属低毒性，极轻致敏物。我国的 TCMTB-30E 皮革防霉防腐剂与美国 Buckmam 公司的 BUSAN 30L、BUSAN 1020L，法国 Progiven 公司的 BIOCIDE MT30 均属此类产品。

（7）异噻唑啉酮类

异噻唑啉酮类化合物可穿透微生物的细胞壁进入细胞内部，通过与核酸上的碱性基团结合而抑制微生物的再生繁殖，具有杀菌、灭藻、防腐等功能，对多种微生物有良好的杀除效果，已被广泛用作工业杀菌剂。目前市场上异噻唑啉酮类杀菌剂商品主要有两种，一种是甲基异噻唑啉酮（MIT）及其氯化物，另一种是正辛基异噻唑啉酮（OITZ）。

MIT 具有很好的水溶性，可以制成溶液使用；OITZ 有比 MIT 更好的杀菌性能，但水溶性较差，不能直接在水中溶解。通常用适当的乳化剂制成一定浓度的乳状液加于皮革当中。倪越等人以邻氨基苯甲酸为起始原料，经重氮化、硫化、酰氯化、环合，制成 1,2-苯并异噻唑啉-3-酮（BIT），BIT 对抑制霉菌、真菌、细菌和藻类等微生物在有机介质中的滋生，具有突出的作用。美国 ROHM & HAAS 公司的 KathonCG 系列防腐剂和 NEOLONE 950，瑞士 LONZA 公司的 isocil pc，绍兴泰科化学的 CR-30 和浙江圣效的 CY-1 主要的有效成分均为异噻唑啉酮衍生物。

目前，合成类抗菌剂以其广谱、高效等优势受到人们的青睐，该类抗菌剂种类繁多，但占据较大市场份额的只是少数几类，如苯并噻唑系列、异噻唑啉酮系列等。制革工业使用的防腐防霉剂产品，不少都是上述抗菌类化合物的复配产品。

4.1.3.3 天然抗菌剂

由于不少化学合成抗菌剂存在潜在的致癌风险逐渐被认识，而且新型合成类抗菌剂的开发也越来越有限，使得研究天然抗菌物质不失为一种向自然界学习、寻找方法的途径。根据来源不同，可将天然抗菌剂分为植物源、动物源、微生物源。

（1）植物源

传统的中草药如穿心莲、大蒜、金荞麦、苦木、黄连及黄连素、鱼腥草及鱼腥草素等在抗菌应用领域有很强的生命力，丁香、肉豆蔻和胡椒等香辛料提取物也对多种微生物具有强烈的抑制作用；印度 Chennai 中央皮革研究所采用一种名为印度楝树（通用名称 Neem 树）的草本植物来替代食盐用于原皮防腐保存，不仅显著降低浸水废液中的氯负荷，该防腐剂使用后可从皮上刮下来制成肥料，无需后续处理。

（2）动物源

从动物中提取的溶菌酶、抗菌肽和抗菌蛋白是目前天然抗菌剂开发的一个重点。如 J. M. Park 等人从青蛙的皮肤中提取出 6 种抗菌肽，它们都含有两个不变的半胱氨酸残基，对革兰氏阳性菌、革兰氏阴性菌、真菌以及原生生物等多种微生物有抗菌作用。

（3）微生物源

源于微生物的抗菌防腐剂可分为两类：一类是直接用微生物来抗菌防腐；另一类是利用微生物的代谢产物进行抗菌防腐。制革工业原料皮防腐过程中使用的土霉素、盐酸强力霉素和四环素等均来源于微生物。

天然抗菌剂由于受到抑菌效果、稳定性、原料供应及成本等方面的限制，其应用尚不能完全取代化学抗菌剂。但如果将天然抗菌剂与合成抗菌剂复配使用，则可以减少合成化学品的用量，并降低环境与健康风险，这可能会是防腐防霉剂发展的一个方向。

4.1.4 皮革产品中防腐防霉化学品的限量要求

随着全球对环境保护和可持续发展的日益重视，国际市场特别是欧盟不断加快和加强“绿色壁垒”的设置，具有毒副作用的化学品逐渐受限。美国等国家的一些地方性法规以及欧盟进出口条例均对革制品中某些化学品的使用制定了相应规范。制革工业中主要防腐防霉化学品，有些已禁止使用，有些已建立限量标准，如富马酸二甲酯、五氯苯酚等在欧盟等国家和地区已经受到严格的限制，并有对应的检测方法。但国内皮革行业对防腐防霉类化学品的安全性技术要求不完善，已建标准的物质较少，而在其他行业，如纺织业和食品行业，同种物质已针对欧盟法令建立相应的检测标准。因此，为了扩大国际贸易份额，面对这些限制，皮革行业需积极应对，努力“破壁”。

当前，国内针对皮革行业已明确限量标准的几种防腐防霉化学品建立了相应的检测标准，见表 4-2。

表 4-2　　皮革产品中防腐防霉化学品的限量标准

化学品	限制来源	安全限量/(mg/kg)			检测标准
(游离)甲醛	GB 20400—2006	A 类	B 类	C 类	GB/T 19941.1—2019 GB/T 19941.2—2019 GB/T 19941.3—2019 ISO 17226-1:2021 ISO 17226-2:2021
		≤20	≤75	≤300	
富马酸二甲酯	欧盟 2009/251/EC	≤0.1			GB/T 26702—2011 SN/T 2446—2010 ISO/TS 16186:2012
五氯苯酚	91/173/EEC 指令 SN/T 2191—2008 德国化学品法案	≤1000 ≤5 ≤5			GB/T 22808—2021 SN 0193.1—1993 ISO 17070:2015
有机锡化合物	欧盟 2009/425/EC	≤1000			GB/T 22932—2008
2-甲基-4-异噻唑啉-3-酮(MI) 5-氯-2-甲基-4-异噻唑啉-3-酮(CMI) 1,2-苯并异噻唑啉酮(BIT)	欧盟 EN71-9—2005 *	MI≤10 CMI≤10 BIT≤5 MI+CMI≤15			皮革行业:无 化妆品: GB/T 29666—2013
戊二醛					QB/T 4200—2011
2,3,5,6-四氯苯酚					SN/T 1654—2005

注：A 类：婴幼儿用品；B 类：直接接触皮肤的产品；C 类：非直接接触皮肤的产品；
带“ * ”号标准主要针对为年龄小于 3 岁的儿童设计的玩具中含有皮革材质的限制要求。

由于皮革行业和纺织业密不可分，一些在纺织业受到关注的化学品，如邻苯基苯酚（GB/T 20386—2006《纺织品　邻苯基苯酚的测定》）和 2-萘酚（GB/T 18413—2001《纺织品　2-萘酚残留量的测定》）等已建立相应国家标准。因此，这些物质在制革行业用作防腐防霉剂的安全性也需引起重视，并需尽快对其应用的风险性做出评估。

面对国际上对化学品的要求越来越严苛，制革行业需密切追踪关注各国现行的技术限制法规和先进的技术检验标准，对于研究发现具有生物毒害性的化学品需高度重视，完善检验法规，提高检测技术，建立一套专属于皮革行业的完善的化学品风险管理制度规范。

4.1.5　对皮革防腐防霉剂发展的建议

综观国内外防腐防霉剂产品，许多在效果、质量稳定性、应用技术、环境友好性方面都存在着不足，加之国际上对化学品的要求越来越严格，研制并使用绿色环保的皮革防腐防霉化学品势在必行。开发新型皮革防腐防霉剂，必须满足高效、广谱、长效低毒、不产生二次污染、稳定性好、渗透吸收性好，与制革过程中使用的其他助剂有良好的相容性，对皮革质量无不良影响，并且原料易得，成本低廉等要求。可通过以下几种途径进行开发：

① 在对现有防腐防霉剂进行风险筛查的基础上，优选环保性化学品进行改性或进一步合成其衍生物，改善其应用效果、降低其对人体和环境的危害；

② 利用化合物间的协同增效作用开发复配型产品；

③ 引入其他行业成熟使用的高效低毒防腐防霉剂；

④ 借鉴新型纳米无机防腐防霉技术研发新材料。

4.2　六价铬（Cr^{6+}）

早在 1858 年，F. L. Knapp 就发现了三价铬（Cr^{3+}）具有鞣性，在此基础上 A. Schultz 与 M. Dennis 相继发明了二浴铬鞣法和一浴铬鞣法，此后经过 100 多年的开发与应用，传统的植鞣法逐渐被铬鞣法所替代，铬鞣法也成为了制革工业最重要的无机鞣制方法。至今，全世界 90%以上的皮革都是由铬鞣法生产的。

由于传统铬鞣工艺中铬的利用率仅为 40%~70%，不仅造成铬资源的严重浪费，而且铬鞣过程中产生的大量含铬废水、含铬固废等污染物也带来了严重的环境问题，自 20 世纪 80 年代以来，发达国家逐步制定了严格的环保法规，以控制铬引起的环境污染。此外，鞣革使用的 Cr^{3+}盐在碱性条件下易被氧化为 Cr^{6+}，而 Cr^{6+}的毒性是 Cr^{3+}的 100 多倍，对皮肤有强烈的损伤作用，引起皮肤过敏和皮炎；甚至 Cr^{6+}具有强烈的致癌性，是世界卫生组织认定的致癌物质。因此，自 20 世纪 90 年代末开始，皮革产品中的 Cr^{6+}问题就成为国际绿色贸易壁垒中的一个敏感话题，传统铬鞣法的优势地位面临严峻挑战。笔者对国内外有关皮革产品中 Cr^{6+}的成因、受限情况、应对策略及引起的出口贸易风险进行了分析总结，以供参考。

4.2.1 皮革中 Cr^{6+}的来源

自 1994 年在皮革制品中检测出 Cr^{6+}并引起关注后，对皮革中 Cr^{6+}的产生原因已有较多研究报道，概括起来主要有两个：一是皮革加工过程中使用的化学品中残留的 Cr^{6+}，如铬粉、含铬鞣剂、含铬染料、颜料膏以及其他助剂等。二是皮革加工过程或存储过程中产生的 Cr^{6+}，如加脂剂中的不饱和油脂、浴液 pH、加热和光照等生产工艺条件都可能导致 Cr^{6+}的产生，同样成品革储存过程中的温度、湿度、光照等也可能导致 Cr^{6+}的产生。皮革加工过程使用的化学品的 Cr^{6+}残留相对来说较为容易控制，通过把控化学品的六价铬含量即可相对容易地控制皮革中六价铬含量。但是，皮革加工或存储过程中转化的 Cr^{6+}则较为复杂，需要深入了解其转化机理，才能更加有效地控制其对皮革中六价铬含量的影响。

4.2.1.1 加脂剂的影响

加脂剂被认为与皮革中 Cr^{6+}的形成有着密切关系。不饱和油脂中的双键在空气中极易发生氧化反应，所生成的过氧基可将皮革中游离的 Cr^{3+}氧化为 Cr^{6+}。俞从正等人采用不同碘值的加脂剂对坯革加脂，探究了加脂剂对皮革中 Cr^{6+}产生的影响，结果表明随着加脂剂碘值的升高，皮革中 Cr^{6+}含量明显增大；总体来说加脂剂的碘值越高，越有利于 Cr^{6+}的生成。

4.2.1.2 浴液 pH 的影响

pH 是影响 Cr^{3+}和 Cr^{6+}稳定性的重要因素，Cr^{3+}的还原性随着浴液 pH 的升高而升高。

在酸性条件下，Cr^{3+}比较稳定；而在碱性条件下，Cr^{3+}很容易被氧化为 Cr^{6+}。理论上来说，只要浴液 pH>1 时，Cr^{3+}就能够被氧化，随着 pH 增加，尤其是当 pH>5 时，Cr^{3+}更多加容易被氧化。制革鞣后操作工序，如中和、复鞣和加脂等，浴液的 pH 通常都超过 5，因此皮革中可能会生成 Cr^{6+}。

4.2.1.3 加热与光照的影响

根据光化学原理可知，皮革中的不饱和油脂在光照条件下可产生自由基，自由基与空气中的氧气结合，进而形成过氧化自由基和超过氧化自由基，它们的强氧化性可将皮革中游离的 Cr^{3+}氧化为 Cr^{6+}。J. Font 等人将两组中和至相同 pH 的皮革分别进行紫外辐照和不辐照，在同温同湿的条件下放置一段时间后，受紫外照射的皮革中 Cr^{6+}含量明显增加，从而证明了光照确实是导致 Cr^{6+}产生的一个重要原因。

加热也可促进皮革中 Cr^{6+}的产生。Cr^{3+}与 Cr^{6+}之间存在一个动力学平衡，而热是动力学转化的必要条件。M. J. Ferreira 等人曾发现皮革废屑通过焚烧可产生大量的 Cr^{6+}。在皮革加工过程中，后工序需要升温的操作都可能加速 Cr^{6+}的形成，比如高温干燥、热辊压花、磨革等工序。

4.2.1.4 成品革储存过程中相对湿度的影响

湿度也是皮革制品中 Cr^{3+}转化为 Cr^{6+}的重要影响因素。V. Candar 等人认为铬的氧化还原反应在溶液中更容易进行，存储湿度越大，环境越接近于微溶液，越有利于 Cr^{6+}被还原。因此空气相对湿度越高，成品革中 Cr^{6+}的含量越低。王吉等人模拟成品革储存在高湿度条件下，室温放置 4 周后显示，不同样品中 Cr^{6+}的含量随着时间的延长而下降，结果与前人研究一致。

4.2.2 中国与欧盟等对皮革制品中 Cr^{6+}的限制情况

4.2.2.1 中国

关于皮革制品中的 Cr^{6+}，国内主要依靠强制性国家标准，目前我国仅有 GB 30585—2014《儿童鞋安全技术规范》中规定了 Cr^{6+}限量为 10mg/kg，该标准的实施逐步引导了国内儿童制鞋企业和部分制革企业关注 Cr^{6+}问题。除此之外，还有其他的推荐性标准也针对皮革中 Cr^{6+}含量提出了要求（表 4-3）。HJ 507—2009《环境标志产品技术要求　皮革和合成革》和中国皮革协会制定的《真皮标志生态皮革产品规范》，更是将皮革中 Cr^{6+} 含量限制在 5mg/kg 以下。但由于这些标准或者规范都是推荐性的，在管理力度上仍难以跟上发达国家的脚步。因此，我国应加强强制性国家标准的修订力度，提高对皮革制品中 Cr^{6+} 的管理，推动我国皮革行业在维护消费者安全、健康方面的进步，顺应生态、绿色、环保消费品的国际趋势。

表 4-3　　国内关于皮革制品中 Cr^{6+} 的限量标准

标准或规范	皮革、毛皮中 Cr^{6+} 含量限量
QB/T 2880—2016《儿童皮鞋》	≤10mg/kg
QB/T 4546—2021《儿童皮凉鞋》	≤10mg/kg
HJ 507—2009《环境标志产品技术要求　皮革和合成革》	≤5mg/kg
《真皮标志生态皮革产品规范》	≤5mg/kg

4.2.2.2 欧盟

德国是世界上最早关注皮革中 Cr^{6+} 问题的国家，早在 1997 年 12 月德国发布的日用品法令（Bedarfsgegenständeverordnung，BGVO）中就规定“预期可直接与人体接触的皮革制品，应避免使用可能产生 Cr^{6+} 的皮革”，所推荐的测试方法检出限为 10mg/kg。其后，随着 ISO 17075 发布，新的国际标准中 Cr^{6+} 的检出限也降低到了 3mg/kg。德国联邦风险评估研究所在 2000—2006 年曾对 850 份皮革制品中的 Cr^{6+} 含量进行了监测，结果显示 50%以上的样品中有 Cr^{6+} 检出（检出限 3mg/kg），约 17%的皮革制品中的 Cr^{6+} 浓度超过 10mg/kg。

2010 年 8 月 13 日，德国针对皮革类产品正式实施了新的 Cr^{6+} 禁令，要求与皮肤长期接触的皮革制品，主要是服装、背包、椅子、沙发和皮革玩具等，Cr^{6+} 含量不得超过 3mg/kg。2014 年，欧盟委员会也在德国和丹麦的呼吁下修订了 REACH 法规中的附件 17，将欧盟范围内的皮革制品中的 Cr^{6+} 含量限制在 3mg/kg。2015 年 5 月 1 日，欧盟新法规在成员国生效。另外，国际环保纺织协会在新发布的 OEKO-TEX Standard 100（2018 版）标准中，也将皮革制品中 Cr^{6+} 含量的要求限定为 3mg/kg。

4.2.2.3 皮革贸易中的 Cr^{6+} 风险分析

诚然，中国、欧盟等国家或地区对皮革制品中的 Cr^{6+} 提出限量要求，有利于提高皮革行业的科技创新水平，提升人们的环保意识，从而带动生态皮革的研究和开发，但在短期内这也会使我国皮革制品的贸易受到较大的冲击，Cr^{6+} 已经成为了我国皮革贸易中面临的主要风险之一。这种风险已不再仅限于出口贸易，国内市场贸易领域的风险也在不断增加，皮革行业的竞争力被不断削弱。

（1）出口成本压力增大

国内外对于 Cr^{6+} 限量标准的差异势必使我国皮革制品在生产、加工、储藏、运输和销售中投入更多的资本，去实现从上游资源到下游销售对 Cr^{6+} 的全过程控制，且皮革产品出口前需要增加昂贵的检验检测费和认证费等，势必增加出口企业的成本，一方面会削弱皮革产品在国际市场上的价格优势，另一方面会使本来就微薄的利润再次被压缩，进而促使我国皮革产品国际竞争力下降，影响我国皮革制品的出口。

（2）出口风险明显加大

近年来，一些发达国家凭借雄厚的经济和发达的技术，采取绿色壁垒来限制和排挤我国皮革制品进入其市场。根据欧盟 REPAX（非食品消费品快速预警系统）通报的数据，我国是因皮革制品中 Cr^{6+} 超标被通报最多的国家，被通报的皮革制品涉及婴儿鞋、女鞋和皮手套等。如图 4-1 所示，2010 年德国对皮革中 Cr^{6+} 实施禁令后，我国被通报的数量逐年增加，2015 年新的 REACH 法规修订并实施，欧盟加强对皮革制品中 Cr^{6+} 的管控要求，Cr^{6+} 超标通报量更是成倍增长，同时皮革制品中 Cr^{6+} 超标问题引起我国政府和企业的高度重视，虽然近两年被通报的数量有所下降，但我国仍是被欧盟通报最严重的国家。

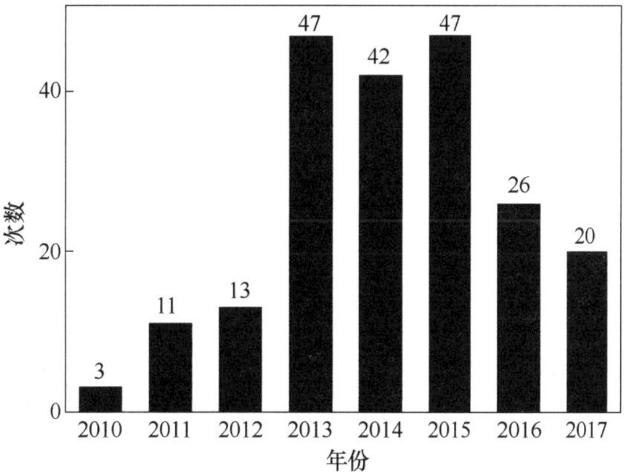

图 4-1　2010—2017 年欧盟 REPAX 针对中国出口皮革制品因 Cr^{6+} 超标而通报的次数示意图

受此影响，我国皮革出口企业损失严重，我国皮革制品在国外市场的份额逐渐缩减。中国皮革协会的相关数据显示，2015 年以后，皮革行业主要产品的出口额同比下降了 13%；皮革制品中出口占比最大、且 Cr^{6+} 含量超标最严重的是鞋类，其出口额更是同比减少了 25%（表 4-4）。因此，皮革中的 Cr^{6+} 问题是我国皮革制品贸易主要风险所在，对我国皮革制品出口的影响不容忽视。

表 4-4　　2012—2017 年皮革行业主要产品的出口额

年份	皮革制品出口额/亿美元	皮面皮鞋出口额/亿美元	皮鞋出口额占比/%
2012	428. 8	109. 3	25. 5
2013	477. 0	120. 1	25. 2
2014	488. 4	137. 5	28. 2
2015	473. 9	121. 3	25. 6
2016	417. 2	96. 2	23. 1
2017	432. 8	93. 0	21. 5

（3）国内市场贸易监管不断加强

随着国内标准化改革的进行，我国不断加强对有害化学品的管理和控制，在日常的产品质量监督中更强化了涉及人身安全性能的指标抽查频率和处罚力度。国家质检总局曾连续多年对上海、江苏、浙江、福建、广东、重庆、四川等童鞋集中产区生产的童鞋产品进行了抽查，其中 Cr^{6+} 是抽查的重点项目，也是最主要的不合格项目之一，如图 4-2 所示，2013～2015 年期间，每年都有一些批次产品不符合相关标准的规定，其合格率分别为 84.9%、83.6%、82.4%。虽然 2018～2020 年均未检查出因 Cr^{6+} 不合格的童鞋产品，但 Cr^{6+} 问题引发的市场风险问题依然存在，甚至有相当数量的厂商为了规避风险，逐渐在使用其他材料替代童鞋中的皮革材料，从长远的角度分析，这无疑会对皮革行业的发展造成严重的影响。

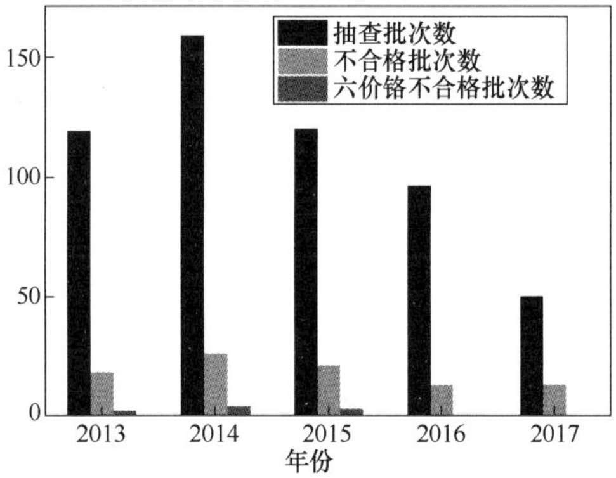

图 4-2　2013—2017 年国家质检总局对童鞋产品的抽查结果示意图

4.2.3　应对策略

皮革行业面临的环保压力和绿色贸易壁垒的不断加剧，使得对于 Cr^{6+} 的防治成为了必然选择。皮革中产生 Cr^{6+} 的因素是多方面的，对 Cr^{6+} 防治时也要采取综合的防治措施，控制好工艺参数，利用联合防治的方法，避免皮革中 Cr^{6+} 的产生。可以从政府方面、企业方面和技术方面同步进行，不断改进。

4.2.3.1　政府方面

① 及时收集市场上关于 Cr^{6+} 的相关数据信息，了解市场行情；

② 对皮革及制品生产企业应多出台一些扶持政策，对绿色环保技术、产品的创新、

开发、生产和应用给予一定的鼓励和支持；

③ 政府相关职能部门应加大强制性国家标准的实施力度，制定更为严格的皮革中 Cr^{6+} 的限量标准，跟上国际步伐，加大执行力度，为消费者提供安全保障。

4.2.3.2 企业方面

① 深入了解欧盟及其他标准对于皮革中 Cr^{6+} 的具体限量要求，检查自身产品是否符合标准；

② 对于企业应建立科学的质量监督体系，要做到“源头可控制、过程可追溯、质量有保证”，加大检测投入，提高技术水平，消除 Cr^{6+} 带来的隐患，使其符合欧盟标准；

③ 加强与科研机构的联系，增加投入资金，致力于开发无铬鞣剂等新型鞣剂材料；

④ 积极实施 ISO 14000 体系认证和申请环境标志，加快与国际接轨。

4.2.3.3 技术方面

针对皮革制品中 Cr^{6+} 的产生原因，应形成及时的应对措施和成套技术，研发生态皮革化学品及应用技术，严格控制 Cr^{6+} 含量。目前可供选择的应对技术措施有以下几个方面。

（1）无铬鞣技术

无铬鞣技术包括无铬金属鞣剂、植物鞣剂、醛鞣剂和合成鞣剂等，其中以醛鞣剂为代表的有机鞣剂是无铬鞣剂的主要类别之一，其鞣制机理是鞣剂上的醛基或羟甲基与皮胶原上的氨基产生共价交联。市场上现有的有机鞣剂常以改性戊二醛鞣剂、噁唑烷鞣剂和有机磷鞣剂等为主，而在应用上还存在两方面问题：①成革中游离甲醛含量较高；②鞣后坯革负电性强，对后续阴离子型染整材料的吸收利用率低，最终成革综合性能不如铬鞣革。

协同鞣制技术是采用两种或两种以上鞣剂结合鞣制以提高成革的综合性能，应用较多的是植-铝、植-醛和基于锆-铝-钛配合鞣剂的结合鞣。近年来，市场上更是涌现出了多种不同的新型无铬鞣剂，如 Granofin F-90、TWT、STF 及 TanforT-A 等，表现出不同的鞣制性能。

然而，目前的无铬鞣技术还普遍存在以下缺点：①坯革耐湿热稳定性不高，综合性能不及铬鞣革；②鞣剂与皮胶原纤维结合较弱，易退鞣；③新的非铬鞣剂或鞣法缺乏必要的环境和安全风险评估；④与新鞣剂配套的染整加工材料不够。

总的来说，无铬鞣技术只能满足部分皮革生产要求，而且必须考虑以下几点：①新鞣剂及应用技术的研发前提是不引入其他污染物；②基于“渗透-结合”的鞣制过程，新鞣剂分子要尺寸大小合适，且与皮胶原有较高的反应活性；③考虑皮革的综合性能，不能仅以耐湿热稳定性（皮革的收缩温度）作为评价鞣剂鞣性的首要指标；④与无铬鞣体系配套的化学品，特别是系列复鞣剂、加脂剂的研发很有必要。

（2）高吸收铬鞣技术

高吸收铬鞣技术就是在保证成革质量的前提下，最大限度地提高铬的吸收率（90%以上），同时增进皮胶原羧基与铬鞣剂分子的交联结合，从而减少皮革中游离铬的含量，降低 Cr^{3+} 被氧化为 Cr^{6+} 的可能。目前，高吸收铬鞣技术主要通过使用高吸收铬鞣助剂和优化铬鞣工艺两种方式相结合来实现。助剂分为小分子铬鞣助剂、高分子铬鞣助剂、超支化聚合物等，助剂分子结构中的多种官能团有助于提高铬鞣剂的反应活性，增加铬鞣剂与皮胶原的结合率。

提高铬鞣工艺 pH、使用少铬结合鞣制都是优化铬鞣工艺、提高铬鞣剂吸收率的常用技术。鞣制过程中，提高铬鞣工艺的 pH 能同时提高铬鞣剂与皮胶原的反应活性，增加两者结合量。而少铬结合鞣则是利用合成鞣剂、铝鞣剂、醛鞣剂、植物鞣剂等与铬鞣剂存在协同作用，从而减少铬鞣剂的用量，提高铬鞣剂的吸收和结合量。

（3）防止加脂剂氧化 Cr^{3+}

开发并使用饱和油脂或低碘值加脂剂可以减少加脂剂氧化 Cr^{3+} 的概率。然而局限于加脂效果，不饱和加脂剂目前难以完全被替代，大多数研究倾向于在加脂的同时添加抗氧化物质来抑制加脂剂的氧化性，常用的抗氧化物质有植物鞣剂、抗氧化剂和还原剂等。

大多数植物鞣剂可以预防 Cr^{6+} 的形成，比如坚木栲胶、荆树皮栲胶、橡椀栲胶和杨梅栲胶等。其机理是栲胶结构中含有酚羟基，可以抑制不饱和油脂中的双键被氧化为过氧基，即利用栲胶的抗氧化作用抑制皮革中 Cr^{6+} 的形成。俞从正等人探究了坚木栲胶和荆树皮栲胶对不同加脂剂氧化的影响，验证了栲胶对 Cr^{6+} 形成的预防作用，然而两者渗透与结合不理想，限制了其实际应用。易宗俊等人采用杨梅栲胶和塔拉栲胶的提取物，或将荆树皮栲胶和杨梅栲胶两性改性，橡椀栲胶酯化改性，减少相对分子质量，增加水溶性，更有效地降低了皮革中 Cr^{6+} 的含量。

抗氧化剂和还原剂抑制加脂剂氧化 Cr^{3+} 的机理与植物鞣剂相似，主要利用其抗氧化性与还原性，抑制 Cr^{3+} 被氧化。胡强等人将没食子酸应用于皮革加脂过程中，发现没食子酸可以预防 Cr^{3+} 被氧化为 Cr^{6+}，控制皮革中 Cr^{6+} 的含量小于 5mg/kg。高鸿超等人更是直接研究了还原剂 $Na_2S_2O_3$、Na_2SO_3、抗坏血酸和抗氧化剂茶多酚分别处理皮革后的情况，结果表明，几种还原剂和抗氧化剂对皮革中 Cr^{6+} 的形成有不同的抑制作用，其中 $Na_2S_2O_3$ 的抑制作用最佳。

（4）其他技术措施

防止皮革制品中 Cr^{6+} 形成的其他措施还包括：对皮革化学品中的 Cr^{6+} 进行严加监控，

防止 Cr^{6+} 含量过高；干燥整理工段避免高温和紫外光辐射等不利条件；在成品革储存过程中，在保证皮革水分含量不超标和不影响其质量的前提下，适当提高空气相对湿度。

因皮革中 Cr^{6+} 有危及人体健康的风险，世界各国对其的关注度也越来越高，国内外标准不断推出更为严格的限量要求，使得我国皮革工业的发展受到了一定挑战。正视 Cr^{6+} 风险，积极应对，通过探究 Cr^{6+} 产生机理，合理选择化工材料，优化生产工艺和存储条件，可以有效减少和控制 Cr^{6+} 的产生，提高我国皮革产品的生态质量。

4.3 苯胺

苯胺结构式如图 4-3 所示，又称氨基苯，沸点为 184℃，微溶于水，易溶于乙醇、乙醚等有机溶剂，常温下为无色或微黄色油状液体，有强烈的刺激性气味。目前，苯胺可作为原料或中间体广泛应用于橡胶助剂、纺织品、杀虫剂、染料和医用药物等产品的生产过程中，也可用于香料、塑料、清漆、胶片等产品的生产。

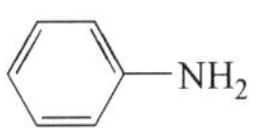

图 4-3　苯胺的分子结构示意图

4.3.1 皮革产品中苯胺的来源

在制革行业中，苯胺主要作为皮革合成染料生产的中间体，尤其是偶氮染料，因其具有色谱齐全、颜色鲜明、色牢度较高、成本低等优点，已成为目前品种数量最多的一类，其使用率占所有有机染料的 60%~80%。

偶氮染料的生产过程如图 4-4 所示，首先芳香胺与亚硝酸作用生成重氮离子，然后与酚类或芳胺等作用生成偶氮化合物，但是偶氮基团在一定反应条件下，易被还原裂解为芳香胺化合物。因此，苯胺主要通过以下两种途径引入皮革产品中：①染料合成过程中

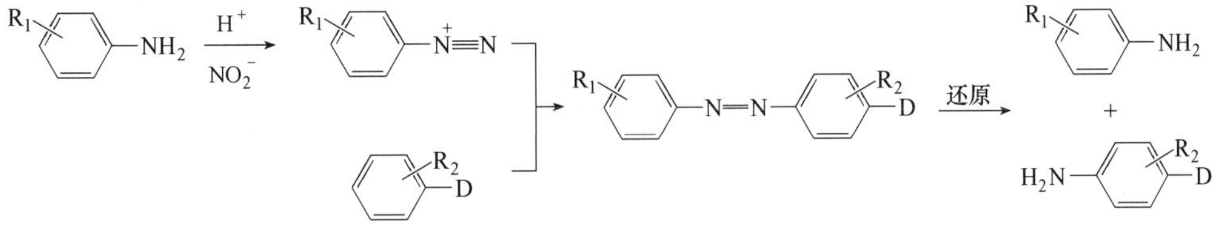

图 4-4　偶氮染料的形成和还原裂解原理图

苯胺作为中间体未反应完全，染色时残留在皮革产品中；②皮革用偶氮染料可在生物体内通过偶氮还原酶裂解形成苯胺。

4.3.2 苯胺的毒性研究

虽然苯胺在皮革染料合成中应用比较广泛，但越来越多的研究表明苯胺存在一定的生物毒性和环境毒性。

4.3.2.1 苯胺在生物体内的代谢过程

苯胺主要通过口服、皮肤或吸入进入生物体内，且能迅速分散至全身，苯胺在人体内的主要代谢路径有 3 条：①苯胺在体内通过 *N*-乙酰化形成乙酰苯胺，通过尿液排出，体内 0.5%~3.4%的苯胺通过该途径代谢；②苯胺在体内发生环上羟基化形成对乙酰氨基酚，生成的对乙酰氨基酚以葡糖苷酸或硫酸盐的形式进入尿液排出，体内 75% ~ 86%的苯胺可通过该途径代谢，是苯胺最主要的代谢途径；③苯胺在体内通过羟基化也可形成简单的氨基酚和苯羟胺，以硫酸酯或氧化偶联物的形式进入尿液排出，体内 5.5% ~ 25%的苯胺通过该途径代谢，并且苯羟胺在体内还可进一步代谢形成 DNA 加成物或血红蛋白加成物。其具体代谢过程如图 4-5 所示。

4.3.2.2 生物毒性

（1）急性和慢性毒性

苯胺对大鼠急性经口半数致死剂量（LD_{50}）为 250mg/kg 体重，对兔急性经皮 LD_{50} 为 820mg/kg 体重。由联合国颁布的“全球化学品统一分类和标签制度”（GHS）将苯胺的急性毒性列为第 3 类。短时间摄入大量的苯胺可导致急性中毒，苯胺代谢过程中产生的 MetHb 不可输送用于细胞呼吸的氧气，降低红细胞的携氧能力，其含量超过 10%可导致患者口唇、指端、耳廓紫绀，高于 40%有明显的虚弱、头晕、中度呼吸困难和脉搏加速，或出现中毒性肝炎及肾损伤，超过 80%会导致死亡。

另外，苯胺慢性中毒会导致神经衰弱综合征，并伴有轻度紫绀、贫血和肝、脾肿大等症状。

（2）生殖毒性

关于苯胺的生殖毒性研究较少，但是许多的研究表明苯胺的主要代谢产物——对乙酰氨基酚会妨碍男性生殖发育。Kristensen 等人研究发现怀孕 13~21 天的大鼠子宫内服用

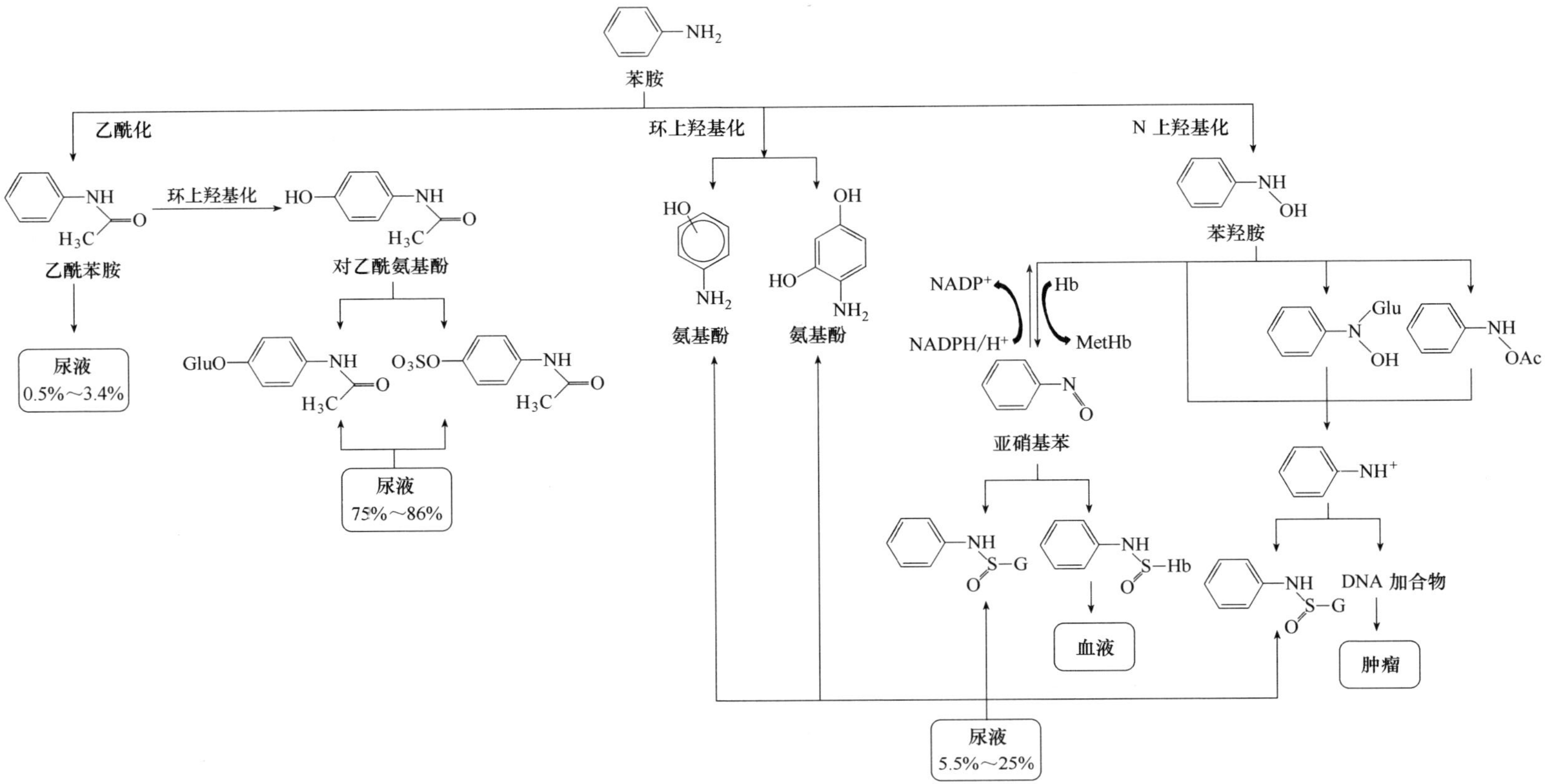

图 4-5 苯胺在生物体内的代谢过程示意图

对乙酰氨基酚，可导致雄性胎儿肛门与生殖器官的距离（AGD）变短，且通过体外培养大鼠睾丸，发现体内胎儿睾丸激素产量下降近 50%，影响胎儿的发育和生殖健康。Jacob 等人研究了口服不同用量的苯胺和对乙酰氨基酚对小鼠雄性胎儿发育情况的影响，通过对比发现口服高剂量的苯胺也可使出生 4~10 周雄性幼鼠的 AGD 显著缩短，损害其生殖发育。

Jensen 等人统计了 1996—2002 年期间登记在丹麦全国生产中心的孕妇与新生儿，其中 47400 对母子接触了对乙酰氨基酚、布洛芬和乙酰水杨酸，980 名男孩（2.1%）被诊断为先天性隐睾症。研究进一步表明对乙酰氨基酚会增加人体患隐睾症的概率。Severine 等人更是通过对怀孕 7~12 周的人类胎儿睾丸进行体外培养实验，研究发现随着对乙酰氨基酚剂量的增加，胰岛素（INSL3）产量逐渐降低，且显著抑制前列腺素（PGE2）的产生，增加了男孩隐睾症的发生率。

此外，Jacob 等人进一步研究发现对怀孕 7 天至分娩期间的小鼠采取口服苯胺和对乙酰氨基酚，可使母体卵泡数量均减少约 50%，显著降低其生育能力，进而可能损害女性及女性胎儿的生殖发育。

（3）致癌性

目前，关于苯胺针对人类致癌性的数据不足，没有明确证据表明肿瘤是由人类接触苯胺引起的。但 Bus 等人曾在为期两年的生物实验研究中发现，随着 Fischer 344 大鼠口服苯胺浓度的不断增加，其脾脏肿瘤的发生率明显增加。贾莉等人也通过体外培养实验研究发现，随着培养液中苯胺浓度的增高，Wistar 大鼠肝细胞存活率呈下降趋势，因此提出了长期暴露于苯胺中可能引起肝癌的猜想。

近年来，越来越多的研究者针对苯胺引起脾脏和肝脏癌变的分子机制进行探索，为预防苯胺可能对人体健康的损害提供了理论依据。Khan 等人和 Wang 等人的研究表明，长期苯胺暴露可导致大鼠体内的红细胞铁超载，诱导活性氧（ROS）增加，产生氧化应激。苯胺的代谢产物芳基亚硝酸根离子还可产生亚硝化应激，造成 DNA 损伤，使细胞周期失调或异常，进而导致脾脏和肝脏突变或癌变。

（4）其他毒性

苯胺还对人体皮肤和眼睛有刺激作用，可引起皮肤过敏，并且苯胺也具有重复剂量毒性。Yoshida 等人通过使大鼠连续 4 周进行口服或吸入苯胺，研究其暴露后的重复剂量毒性。研究发现，连续口服或吸入苯胺可改变大鼠体内的代谢组成，产生贫血症状，甚至会导致全身毒性。

4.3.2.3 环境毒性

苯胺在生产和加工过程中还可能被释放到大气和水圈中，且可以通过与有机物结合在土壤中沉积下来，短时间内很难分解，据研究，其在自然环境中的半衰期可长达 350

天，可持续对水生生物和陆生植物造成危害。苏丽敏等人选用对苯胺最敏感的水生物种——大水蚤的雌性幼蚤进行毒性实验，测定了苯胺对其的 24 h 急性毒性，研究表明苯胺对水蚤的半数致死浓度（LC_{50}）为 20mg/L。

虽然苯胺的环境毒性较高，但是苯胺具有良好的可生物降解性，易于处理。Gheewala 等人通过好氧活性污泥处理含有苯胺的废水，发现当苯胺浓度高达 350mg/L 时，去除率超过 95%，并且研究发现生物降解、臭氧化、光降解、过硫酸盐高级氧化工艺、非热等离子体技术和电化学氧化等处理技术均可提高对废水中苯胺的降解。欧盟风险评估报告中提出在苯胺用于加工染料的地点，预测环境浓度与预测无效应浓度的比值（PEC/PNEC）均小于 1，表明苯胺实际对环境构成的威胁较小。

4.3.3 各国家与组织对苯胺的限制

4.3.3.1 中国

虽然国际上普遍已将苯胺视为致癌芳香胺的一种，但我国对该化学品的关注依然不高。原国家质量监督检验检疫总局发布的强制性国家标准 GB 18401—2010《国家纺织产品基本安全技术规范》和 GB 20400—2006《皮革和毛皮 有害物质限量》等标准中均未对其限制，仅仅在 2012 年发布的 GB 4287—2012《纺织染整工业水污染物排放标准》中要求在水污染物中不得含有苯胺类物质。

4.3.3.2 美国加州

《1986 年饮用水安全与毒性物质强制执行法》，通常简称为加州 65 号提案（CP65），清单于 1987 年首次公布，其宗旨是保护美国加州居民及该州的饮用水水源，使水源不含已知可能导致癌症、出生缺陷或其他生殖发育危害的物质，并在产品出现该类物质时如实通知居民。加州 65 管控物质清单由加利福尼亚州环境健康危害评估办公室（OEHHA）出台并至少每年更新一次，首次出版于 1987 年，截至目前，最新清单中已包含 900 多种天然存在或人工合成的化学品，其中包括甲醛气体、砷、铅、镉、汞及某些邻苯二甲酸酯等有毒化学品。

除饮用水之外，加州 65 号提案还针对珠宝、服装、箱包、运动垫具、玩具和儿童保育用品、陶瓷玻璃制品、铝制炊具、自行车及其配件、电气装置和电线电缆等产品做了限量规定，其中最广泛的限制物质为铅。

一旦一种化学品被列入名单，企业将有12个月的时间来做准备以达到规定要求。生产、使用、释放本列表上的化学品或另外从事含本列表上的化学品的活动的企业必须遵照下列规定：①不容许将提案列明的危险化学品排放到饮用水里；②提供清晰且合理的警告标签（对列明的化学品必须提供警告，除非暴露含量特别低，不会造成重大风险）。

1990年，OEHHA将苯胺列入美国加州65号提案的《致癌物质清单》中。2007年，OEHHA在加州职业健康危害风险评估中列出苯胺的允许暴露限量值（Cal/OSHA PEL），规定其通过皮肤进入体内的限量值为7.6mg/m^{3}或2mg/kg。2013年，OEHHA进一步提出苯胺的总安全暴露量，规定成人每天的最大吸收量为100μg，且不能通过口服进入体内。

4.3.3.3 美国环境保护署

2005年，含苯胺的废弃物被美国环境保护署（EPA）列为重点危险废物（K181）。2009年，苯胺直接被列入EPA的污染物候选名单。2016年，由EPA批准的水质标准（WQS-SRMT）又将地下水中苯胺的含量限定为5μg/L。

4.3.3.4 欧盟

2004年，苯胺被列入欧洲化学品管理局公布的第一份优先物质清单，被归类为低致癌物，2008年又被归类为皮肤致敏剂。2015年，第六版《欧盟风险评估报告》中提到，苯胺对人体致命的最小摄入量为1g，平均致死剂量为5~30g，并且对体重68kg成人最低致死剂量为10g。另外，2016年，欧盟的非政府组织——欧洲标准化消费者之声（European Association for the Co-ordination of Consumer Representation in Standardisation，ANEC）曾建议针对布或皮革制玩具在REACH法规中的致癌芳香胺清单中新增苯胺。但是，截至2022年12月，欧盟2002/61/EC指令和REACH法规附件17，以及德国《食品与日用消费品法》禁用的22种致癌芳香胺中尚不含苯胺。

4.3.3.5 国际环保纺织协会

OEKO-TEX Standard 100是1992年由OEKO-TEX国际环保纺织协会制定的。现在有16个检测协会，它们的主要任务是检测纺织品的有害物质以确定它们的安全性。OEKO-TEX Standard 100是目前使用最为广泛的纺织品生态标志。OEKO-TEX Standard 100适用于纺织品和皮革产品以及各级生产中的物品，包括纺织和非纺织配件。标准是根据最新的科学知识，对纱线、纤维和各类纺织品以及皮革的有害物质含量规定的限度。只有按照严格检测和检查程序提供可证明质量担保的生产商，才被允许在他们的产品上使用OEKO-TEX标签。该标准每年都会根据国际上的化学品监管进展对其要求进行更新，各使用单位可在其官方网站跟踪其最新要求，对所使用的化学品进行筛查。

2018 年，国际环保纺织协会发布的 OEKO-TEX Standard 100 标准将苯胺列入“其他化学残留物”中，并规定其在可分解苯胺染料中的限量要求为 100mg/kg；在 2019 年发布的 OEKO-TEX Standard 100 标准中，进一步将可裂解的苯胺和可能以化学残基存在的游离苯胺的总量限制在 20mg/kg 以下（产品级别Ⅰ）或 50mg/kg 以下（产品级别Ⅱ至Ⅳ），截至 2021 年，限量维持在 2019 年的水平，见表 4-5。

表 4-5　不同级别产品对苯胺的限量要求　单位：mg/kg

产品级别	Ⅰ婴幼儿	Ⅱ直接接触皮肤	Ⅲ非直接接触皮肤	Ⅳ装饰材料
苯胺(2018)	<100	<100	<100	<100
苯胺(2019)	<20	<50	<50	<50

4.3.4 应对策略

随着其他行业对苯胺的限制越来越多，皮革行业可能面临着新的绿色挑战。科技的发展和环保要求的不断提高，更是促使染料工业不断推陈出新来满足市场需求并保护消费者。因此，为适应皮革工业的可持续发展，我们应提前评估风险性、思考应对策略，并适时采取相应的措施。

4.3.4.1 评估苯胺健康风险，引发行业关注

已有的国内外研究表明，苯胺对人体存在一定的健康风险，但其影响程度仍处于评估阶段，还没有得到各行业的高度关注。因此，我们应关注苯胺的致癌性和生物毒性研究方法和结果，并收集相关信息，评估苯胺健康风险，完善苯胺风险评价体系，将安全—健康—生态风险一体化考虑；增加苯胺风险对人口、经济等社会指标影响的评估，引起皮革、纺织等相关应用行业的重视，并为管理者的决策提供全面的依据。此外，也可促使企业经营者和消费者高度转变观念，树立起绿色营销和消费的思想，深刻意识到苯胺存在的健康风险。

4.3.4.2 完善苯胺标准体系，为规避苯胺风险提供技术支撑和管理依据

目前，环境中苯胺的测定方法有光度法和色谱法；对于皮革样品的苯胺，也可采用薄层色谱法和高效液相色谱法等进行定性和定量分析。尽管我国皮革行业至今未将苯胺列入到禁用化学品行列，但染料制造者和皮革生产者应充分考虑苯胺风险及来自国际标

准或规范性文件的限制与影响，力求中国制造皮革产品在检测条件下达到要求。我国也应在提高现有的检测手段和检测水平的同时，加强与国际的交流和沟通，为规避苯胺风险提供技术支撑和信息咨询，防患于未然。

针对苯胺的风险管理，目前国内外皮革行业还未有相关法律法规和标准对其进行限量。因此在做好苯胺的风险定量评价工作时，需要行业尽早补充有关法律法规中苯胺风险管理方面的空白，完善其风险管理标准，构建较为完善的苯胺管理体系。

针对皮革行业企业的风险管理，建议制定多元化的皮革企业苯胺风险管理体系，在对皮革产品中的苯胺进行限量的同时，对皮革废水、固废等处理过程采用相关的标准，进而实现生态、社会、经济效益最优化。

4.3.4.3 加强苯胺整个生命周期风险监管，降低苯胺风险

苯胺在皮革行业中主要用于合成偶氮染料，其整个生命周期大致分为生产、储存、运输、销售使用、处理处置等5个环节。在偶氮染料生产过程中，应使苯胺尽量反应完全，减少其在皮革产品中的残留；在偶氮染料储存、运输和用于皮革染色时，应严格控制外界条件，防止其裂解形成苯胺；在皮革废弃品和废水等的处理环节，需加强对皮革废弃物集中收集处置中心的建设，严格对其进行分类与处置，实现达标排放。

4.3.4.4 皮革中苯胺的控制技术与去除方法

苯胺已被国内外部分法规列为致癌物质，虽然目前尚未直接针对皮革产品提出苯胺的残留限量要求，但仍要警惕潜在的风险。针对皮革产品中苯胺的产生原因，应形成相应的去除方法及应用技术，严格控制苯胺的含量。目前可供选择的应对方法如下：

（1）皮革中苯胺的控制技术

控制皮革产品中苯胺的含量可从以下两个方面着手：

① 皮革染色助剂（匀染剂、固色剂等）的合理应用，既有助于提高染色效果，又可节约染料用量，减少皮革产品中残留的染料含量以及增强染料与皮革的亲和力，进而控制皮革产品中残留的偶氮染料与生物体接触后裂解形成苯胺。

② 染料、助剂、中间体工业生产属于精细化工业，在生产染料、中间体和助剂时，在保证低成本以及合理的生产工艺前提下，尽可能提高产物的纯度，降低副产物含量，减少或去除未反应的苯胺，进而在皮革染色工序处理后，降低苯胺在皮革产品中的残留量。

（2）皮革中苯胺的去除方法

为从源头彻底去除皮革产品中的苯胺，消除皮革产品中苯胺对人体及环境的风险，

研究者们应积极寻找环保材料替代以苯胺为基础或以苯胺为原料的中间体制成合成染料用于皮革染色。如选用对硝基甲苯和2，2′-联吡啶等原料合成染料中间体——非芳香胺为母体的二氨基化合物（如二氨基二苯乙烯及其磺酸衍生物、4，4′-二氨基二苯脲及其磺酸衍生物、二氨基杂染料均采用该工艺合成）。也可选用环保材料替代苯胺直接合成单偶氮染料，比如瑞士汽巴-嘉基公司的弱酸性艳红3B（Polar型），瑞士科莱恩公司的弱酸性桃红B等。另外，近年国内外还广泛开发其他类型染料来取代苯胺型偶氮染料，包括环保型活性染料（蒽醌型、酞菁型等），环保型硫化染料（DyStar公司的Cassulfon Black C-BRV、Cassulfon Carbon CMRV等），环保型还原染料（巴斯夫公司的Indanthren Colloisol型染料、上海染料公司的SM型还原染料等），天然植物染料等。

需要注意的是，在研发替代产品的过程中也应预评估替代产品的潜在危害性。根据潜在危害风险分析评估标准，筛选出苯胺替代产品的不确定性因素，将苯胺替代品在染料加工和使用过程中对人体与环境产生的风险控制在可控范围内，防止出现新的风险化学品，以免对消费者或环境造成危害。

随着对苯胺毒性认识的深入，越来越多的国家、地区和组织对产品或环境中的苯胺进行了限制。虽然目前尚未直接针对皮革产品进行限量，整体出口风险性较小，但随着国内外环保趋势的变化，苯胺可能会在不可确定的时段遇到贸易壁垒的限制。我们应从意识、管理政策、技术储备等方面做好准备，积极开发环保型染料，一方面降低皮革产品的贸易风险，另一方面也可提高皮革产品的生态质量，保护环境和消费者健康。

4.4 多环芳烃

多环芳烃（polycyclic aromatic hydrocarbons，PAHs）是指分子中含有两个或两个以上苯环的碳氢化合物的总称。PAHs主要来源于人类的活动，如化学工业、交通运输及食品制作等，是矿物燃料、油脂、木材、纸以及其他碳氢化合物在不完全燃烧或还原气氛等条件下热降解形成的。此外，植物和微生物的生物合成，火山活动，森林、草原的天然火灾等大自然活动，也会产生一定量的PAHs。

PAHs的化学性质稳定，在环境中能持久残留，容易在生物体内蓄积，是最早被发现具有致癌、致畸和致突变等风险的有机物之一，也是迄今为止数量最多的一类致癌物。目前已发现的致癌性PAHs及其衍生物高达400多种，此外PAHs还具有光诱导毒性、急性毒性、慢性毒性等毒性。

4.4.1 法律和法规对 PAHs 在消费品中的限量要求

由于 PAH 的毒性对人体健康的影响，许多国家或组织先后制定了相应的法规和标准以限制 PAHs 在消费品中的含量。早在 1976 年美国环境保护署（EPA）公布的 129 种优先控制的水环境污染物中，就有 16 种是多环芳烃类化合物，见表 4-6。20 世纪 80 年代，EPA 又将这 16 种 PAHs 列入优先控制的有毒有机污染物黑名单中。截至目前，欧盟化学管理局（ECHA）列出的 197 种高度关注物质（SVHC）中，有 7 种为 PAHs。我国也将萘、荧蒽、苯并［a］芘、茚并［1，2，3-cd］芘、苯并［b］荧蒽、苯并［g，h，i］苝和苯并［k］荧蒽 7 种多环芳烃化合物列入水中优先控制污染物名单，具体情况见表 4-7。

表 4-6 美国环境保护署优先控制的 16 种多环芳烃化合物

名称	CAS 号	化学式	名称	CAS 号	化学式
萘	91-20-3	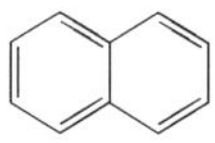	屈	218-01-9	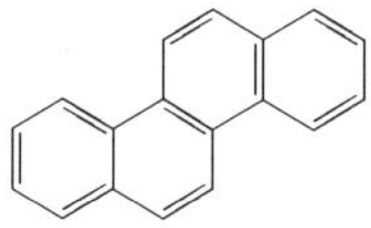
苊烯	208-96-8	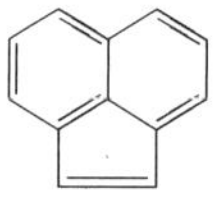	苯并[a]芘	50-32-8	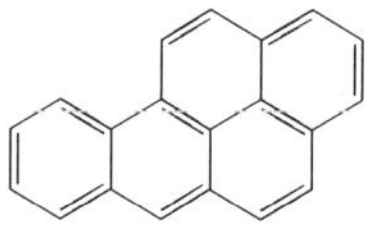
苊	83-32-9	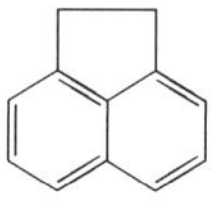	苯并[b]荧蒽	205-99-2	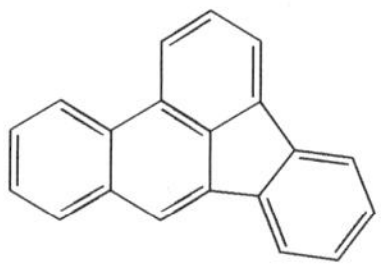
蒽	120-12-7	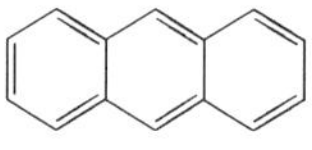	苯并[k]荧蒽	207-08-9	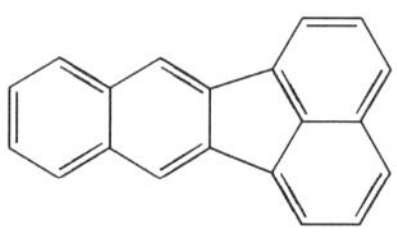
菲	85-01-8	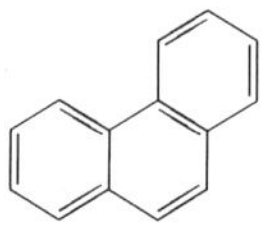	苯并[g,h,i]苝	191-24-2	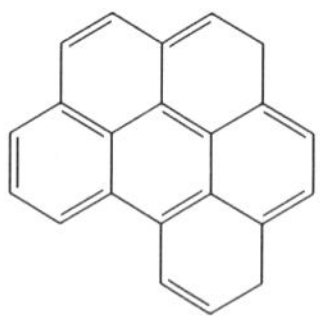
芴	86-73-7	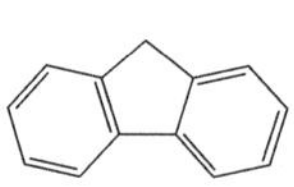	二苯并[a,h]蒽	53-70-3	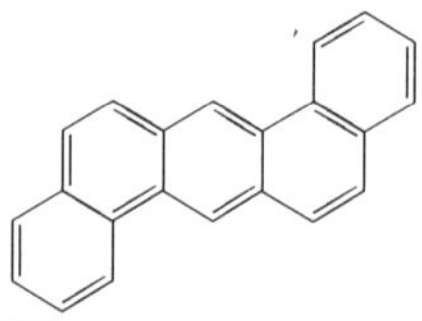

续表

名称	CAS 号	化学式	名称	CAS 号	化学式
荧蒽	206-44-0	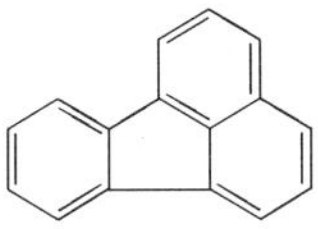	茚并[1,2,3-c,d]芘	193-39-5	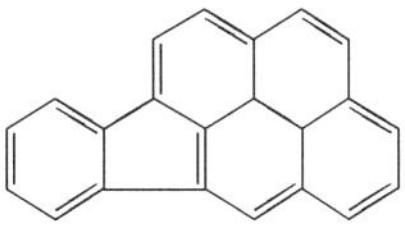
芘	129-00-0	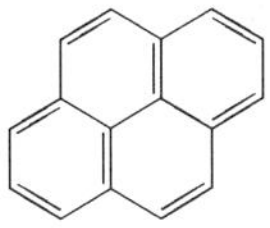	苯并[a]蒽	56-55-3	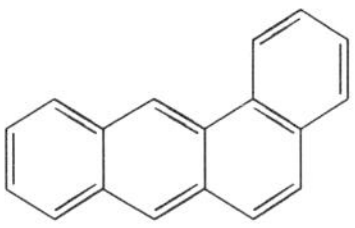

表 4-7　　不同国家或组织对于多环芳烃的限量要求

国家/组织	法规/标准	适用范围	限量要求	
欧盟	REACH	儿童玩具及护理用品	8 种 PAHs 单种物质含量:<0.5mg/kg 8 种 PAHs 总和:不作要求	
		普通消费品	8 种 PAHs 单种物质含量:<1mg/kg 8 种 PAHs 总和:不作要求	
		轮胎及部件使用的填充油	苯并[a]芘:<1mg/kg 8 种 PAHs 总和:<10mg/kg	
德国	GS 认证	第一类:可能会进入口中的材料或与皮肤长期接触(超过 30s)的玩具	10 种 PAHs 单种物质的含量:<0.2mg/kg 18 种 PAHs 总和:<1mg/kg	
		第二类:可以预见与皮肤长期接触(>30s)且不属于第一类的材料	欧盟指令 2009/48/EC 中定义的玩具	10 种 PAHs 单种物质的含量:<0.2mg/kg 18 种 PAHs 总和:<5mg/kg
			其他产品	10 种 PAHs 单种物质的含量:<0.5mg/kg 18 种 PAHs 总和:<10mg/kg
		第三类:可以预见与皮肤短期接触(<30s)且不属于第一类和第二类的材料	欧盟指令 2009/48/EC 中定义的玩具	10 种 PAHs 单个物质的含量:<0.5mg/kg 18 种 PAHs 总和:<20mg/kg
			其他产品	10 种 PAHs 单种物质的含量:<1mg/kg 18 种 PAHs 总和:<50mg/kg
	LFGB	可以预见与皮肤长期接触(>30s)的材料	苯并[a]芘:1mg/kg 16 种 PAHs 总和:10mg/kg	
		可以预见与皮肤短期接触(<30s)的材料	苯并[a]芘:20mg/kg 16 种 PAHs 总和:200mg/kg	

续表

国家/组织	法规/标准	适用范围	限量要求
德国	ATAV	第一类：与食物接触的材料或三岁以下儿童玩具	苯并[a]芘：<0.2mg/kg 18 种 PAHs 总和：<0.2mg/kg
		第二类：与皮肤长期接触（>30s）且不属于第一类的材料	苯并[a]芘：<1mg/kg 18 种 PAHs 总和：<10mg/kg
		第三类：与皮肤短期接触（<30s）且不属于第一和第二类材料	苯并[a]芘：<20mg/kg 18 种 PAHs 总和：<200mg/kg
美国环保署		可以预见与皮肤长期接触（>30s）的材料	苯并[a]芘：1mg/kg 16 种 PAHs 总和：10mg/kg
		可以预见与皮肤短期接触（<30s）的材料	苯并[a]芘：20mg/kg 16 种 PAHs 总和：200mg/kg
国际环保纺织协会 OEKO-TEX Standard 100		婴幼儿产品	8 种 PAHs 单种物质的含量：<0.5mg/kg 24 种 PAHs 总和：<5.0mg/kg
		与皮肤直接接触	8 种 PAHs 单种物质的含量：<0.5mg/kg 24 种 PAHs 总和：<10mg/kg
		与皮肤非直接接触	8 种 PAHs 单种物质的含量：<0.5mg/kg 24 种 PAHs 总和：<10mg/kg
		装饰材料	8 种 PAHs 单种物质的含量：<0.5mg/kg 24 种 PAHs 总和：<10mg/kg

随着人们对身体健康越来越重视，各国法律、法规对含 PHAs 的产品限定范围越来越广、产品中 PAHs 的限量值也越来越严格。以欧盟的 REACH 法案为例，欧盟委员会于 2005 年颁布的条例 2005/69/EC 仅对填充油中的 PAHs 含量进行了限定，其中苯并［a］芘含量不得超过 1mg/kg，8 种 PAHs 含量总和不超过 10mg/kg；到 2013 年颁布的修改条例 No. 1272/2013，则对含 PAHs 产品的限定范围扩充到了儿童玩具、护理品和普通消费品，且对儿童及护理品中 8 种 PAHs 单种物质含量的最大含量要求降低到了 0.5mg/kg。照此趋势，不排除未来各国出台更为严格的法律和法规来限定产品中 PAHs 的含量的可能。

4.4.2 鞋类产品中 PAHs 超标被欧盟通报案例

各国越来越严格的法律和法规，给企业的生产提出了更为严格的标准，表 4-8 为 2014—2018 年度因鞋类产品中 PAHs 含量超标被欧盟通报的案例。从表中可以看出虽然鞋类被通报的总数基本呈逐年下降的趋势，但因 PAHs 超标而被通报的偶有发生，特别是 2018 年被通报数量为 3 例，占被通报总数量的 15%，超历年被通报数量总和，达到历史新高。这主要是由于 PAHs 不像 Cr^{6+} 和禁用偶氮染料等已被熟知的有害物质，各国关于限制 PAHs 在消费品中含量的法律法规是近些年才出台的，企业缓冲的时间较短，再加上某些企业的不重视，当它们仍按照原有的生产原料和生产方式进行生产时，所得产品中的 PAHs 含量超标的风险较高。

表 4-8　2014—2018 年度中国因鞋类产品中多环芳烃含量超标被欧盟通报案例

年份	鞋类被通报总数/例	因 PAHs 超标通报数/例	占比/%
2014	46	1	2. 17
2015	38	0	0
2016	24	0	0
2017	33	1	3. 03
2018	20	3	15

为了保护消费者的身体健康，应对越来越严格的法律和法规，规避可能的绿色贸易壁垒问题，我们应该主动求变，通过分析产品中 PAHs 的来源，选择合适和生产原料和生产方式，降低产品中 PAHs 的含量。

4. 4. 3　皮革中 PAHs 来源

通过分析皮革产品中 PAHs 的来源，可以从源头上控制 PAHs 进入皮革产品。结果表明，皮革产品中的 PAHs 并非有意引入，而是作为杂质，在皮革染色、加脂和涂饰等工序中，随所使用的染料、加脂剂和溶剂等化学品一起进入到皮革。

4. 4. 3. 1　皮革染色工序

皮革经过染色工序处理后，可以大大增加其商业价值。与天然染料相比，合成染料由于具备光谱范围广和品种多样等优点，已成为各种纤维包括皮革染色的主要染料。

PAHs 是生产合成染料的重要原料。如蒽是生产蒽醌染料的重要原料，而蒽醌染料在合成染料领域占有重要比重；以菲为原料可制取苯绕蒽酮、2-氨基菲醌和硫化还原染料等；以芴为原料可合成 C. I. 荧光增白剂 179；以苊为原料可生产苉类和花红系有机颜料。由于对皮革行业所用染料的纯度要求不高，染料中常含有大量未反应完全的中间体；此外，染料在长期使用过程中，会发生还原反应生成 PAHs。所以染料是皮革产品中 PAHs

的主要来源之一。

4.4.3.2 皮革加脂工序

加脂剂能润滑皮革纤维，防止皮革板结、折裂，又使皮革具有相应的韧性、弹性、柔软性和延伸性等良好的物理力学性能，目前常用的加脂剂主要为天然动植物油脂及其化学改性产品。

在对天然动植物油脂及其化学改性产品的加工和使用过程中，如果条件控制不当，很容易产生 PAHs：①当通过对原料进行反复蒸炒、烘烤或焙烧来提取油脂时，如果温度过高或时间过长，会使油脂中的亚油酸和亚麻油酸等不饱和脂肪酸发生热降解反应生成二烯烃，然后二烯烃脱水并环化形成含苯环的 PAHs 前体物，机理如图 4-6 所示，并且油脂中不饱和脂肪酸含量越高，生成的 PAHs 量也越多。棉籽油、豆油和鱼油作为制革常用的油脂，其中不饱和脂肪酸含量分别高达 43.5%、50%和 72%。②当采用浸出法提取油脂时，常用轻汽油作为溶剂，如果轻汽油还有残留的 PAHs 时，由于 PAHs 的强亲脂性，很容易被引入到油脂中。③油脂在使用过程中因油温过高以及反复加热等，也会产生 PAHs。

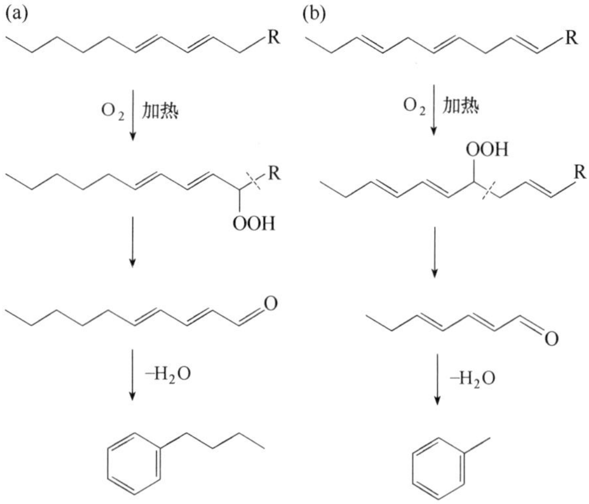

图 4-6　亚麻油酸生成丁基苯和甲苯的机理示意图

加脂剂是皮革湿态加工中用量最大的材料，占皮重 10%～20%，其中 70%～85%的加脂剂会被皮革吸收。因此，加脂剂中可能存在的 PAHs 大部分也会随之被引入到皮革中。

4.4.3.3 皮革涂饰工序

皮革的涂饰可赋予成革优良的耐干湿擦、耐溶剂、耐挠曲、耐撞击性及防水性、不易玷污、易清洁保养等性能，是皮革制造过程中非常重要的工序之一。

皮革涂饰剂的主要成分为成膜剂、着色剂和溶剂，其中着色剂中的颜料和溶剂中的芳烃类溶剂均有可能含有 PAHs。如苝系颜料是颜料中很重要的组成部分，主要品种有巴斯夫的 Paliogen Red L . P . R . 123 和 Paliogen Red K3580 P . R . 149 等，由于合成苝系颜料的主要前体物质为苝及其酰胺类化合物，故颜料中总是或多或少残存未反应完全的或副反应生成的 PAHs。此外，溶剂作为涂饰剂配方体系中非常重要的组成体系之一，占涂饰剂体系比重的 30%~50%。而芳香烃类溶剂是涂料工业中用量最大的一类溶剂。因此，皮革的涂饰工序也可将 PAHs 引入到皮革产品中。

4.4.4 皮革中 PAHs 控制技术

综上分析可知，PAHs 主要随染料、油脂和各种溶剂等化学品一起进入到皮革产品中。这些化学品在皮革生产中起着很重要的作用，并且大部分没有相应的替代产品，因此要想控制皮革产品中 PAHs 的含量，必须要控制 PAHs 在这些化学品中的含量。

4.4.4.1 染料中 PAHs 的控制技术

降低染料对皮革产品中 PAHs 的影响，主要可以从以下两个方面着手：①对染料进行分离提纯。姚永毅等人采用反复纳滤法对染料进行提纯，结果表明纳滤处理使染料中 54.1%的物质被分离，其中染料中间体占 14.7%，具有良好的分离效果。此外，反渗透膜和超滤膜等高分子膜也常用于染料的分离。②合成稳定性好、毒性小的环保型染料。高分子染料具有耐迁移、耐溶剂、难降解和毒性小等特点，已被广泛应用于各个领域。如彭勇等人将商品化的活性染料接枝到壳聚糖高分子链中，解决了其易发生还原反应生成 PAHs 的问题。

4.4.4.2 油脂中 PAHs 的控制技术与去除方法

PAHs 主要是在油脂的加工过程被引入到油脂中，目前主要通过精炼工艺来去除油脂中的 PAHs。

（1）油脂中 PAHs 的控制技术

控制在加工过程引入到油脂中的 PAHs，主要做到以下几点：①选择质量良好的原料进行加工；②尽量避免油料在机械收割和运输等工艺中与污染源接触；③优化加工工艺，选择合适的热加工方式，并严格控制加工时间和加工温度；④控制浸提取溶剂中的 PAHs 含量；⑤选择合适的包装材料和储藏方式，降低因 PAHs 迁移而导致的污染。

（2）油脂中 PAHs 的去除方法

油脂的精炼主要包括脱胶、脱酸、脱色和脱臭 4 个工序，是去除油脂中 PAHs 的主要工序。Cejpek 等人研究表明脱胶能去除约 30%的轻质 PAHs，脱酸和脱色能去除约 10%的轻质 PAHs，脱臭能去除约 40%的轻质 PAHs；脱胶、脱酸和脱色能去除约 10%的重质

PAHs，脱臭能去除约 30%的重质 PAHs。

(3) 溶剂中 PAHs 的控制技术

根据氢键的形式和强弱，涂饰工序所用的溶剂可分为弱氢键、氢键授受型和氢键接受型 3 类。其中弱氢键型又可分为脂肪烃、芳香烃和氯代烃类；氢键授受型主要是醇类溶剂，常用的有甲醇、异丙醇和正丁醇等；氢键接受型主要为酮类和酯类溶剂。弱氢键型溶剂含有浓度较高的 PAHs。因此，为了避免引入 PAHs，在涂饰工序中选用溶剂时，应尽量少用弱氢键型溶剂。

由于 PAHs 的毒性给生态环境和人类健康带来了极大的危害，不同的法规和标准对 PAHs 的含量均有严格的限量要求。PAHs 主要作为杂质，随染料、加脂剂和溶剂等化学品一起进入到皮革产品中。严格控制 PAHs 进入染料、加脂剂和溶剂等化学品的途径，是降低皮革产品中 PAHs 含量的重要手段，能够提高皮革产品的生态安全性能，避免绿色贸易壁垒问题。

4.5 *N*-甲基吡咯烷酮

N-甲基吡咯烷酮（NMP）的结构式如图 4-7 所示，属于杂环化合物，沸点 204℃，易与水和各种有机溶剂互溶，具有稳定性好、沸点高、溶解力出众和选择性强等优点，是一种无色透明油状的极性非质子传递溶剂，广泛应用于涂料、工程塑料、合成纤维、农药、集成电路等产品的生产。此外，NMP 还可用作分散剂、染色剂、萃取剂、工业用洗涤剂和润滑油抗冻剂等。

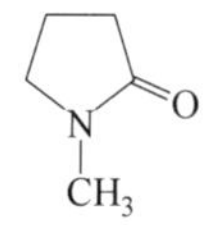

图 4-7 NMP 的结构式示意图

4.5.1 NMP 在皮革生产中的使用

在制革行业中，NMP 主要作为皮革涂饰剂的功能性溶剂。在水性聚氨酯皮革涂饰剂的合成过程中加入 NMP，可以溶解亲水扩链剂二羟甲基丙酸（DMPA），保证反应在均相体系中进行。因其沸点较高，脱除丙酮后仍存在乳液中，在皮革整饰过程中可有效改善乳液的流平性和成膜性。此外，NMP 的加入还有以下两种功能：①增加聚氨酯链段的柔顺性，降低聚氨酯成膜的温度，降低能耗，提高生产效率，从而节约生产成本；②降低聚氨酯膜的表面张力，使涂层更加均匀，加深涂层的黑度。

正是由于 NMP 优良的使用性能，其在皮革涂饰领域有着非常广泛的应用，如拜耳公司的 bayhydrol U 241、bayhydur XP 2655，烟台万华公司的 Archsol 8530、Crysol 6120 等涂饰材料均含有 NMP。

4.5.2 NMP 毒性

虽然 NMP 能够赋予聚氨酯涂层优良的性能，但越来越多的研究表明 NMP 对生物体健康和环境存在一定的危害作用。

4.5.2.1 NMP 在生物体内的代谢动力学过程

Solomon 等人以斯普拉格-杜勒（SD）鼠为研究对象发现，NMP 主要通过呼吸、口服和皮肤接触 3 种途径进入 SD 鼠体内，其中 SD 鼠通过呼吸对 NMP 的吸收率为 40%~60%，通过口服对 NMP 的吸收率接近 100%，而通过皮肤接触对 NMP 的吸收率主要与 NMP 的溶剂种类、NMP 的浓度和暴露的时间等因素有关，其范围在 7%~90%。

Wells 等人用同位素标记法检测了 NMP 在雄性 SD 鼠体内的分布情况，发现 NMP 在肝脏、小肠、胃、胆汁、肾和睾丸等器官均有较高的含量。Sitarek 等人的研究表明 NMP 可以进入到怀孕的 SD 大鼠的胎盘中，并且会随着胎盘中的营养物质一起被胎儿吸收。

Akesson 等人进一步研究了 NMP 在人体内的代谢过程，发现 NMP 在人体内很快被羟基化生成 5-羟基-*N*-甲基-2-吡咯烷酮（5-HNMP），然后 5-HNMP 被氧化生成中间体 *N*-甲基丁二酰胺（MSI），最后中间体 MSI 被羟基化生成 2-羟基-*N*-甲基丁二酰胺（2-HMSI），其具体转化过程如图 4-8 所示。24h 内，65%的 NMP 及其代谢产物会随尿液排出体外，其组成为 1.9% NMP，67.0% 5-HNMP，0.1% MSI 和 31.0% 2-HMSI。

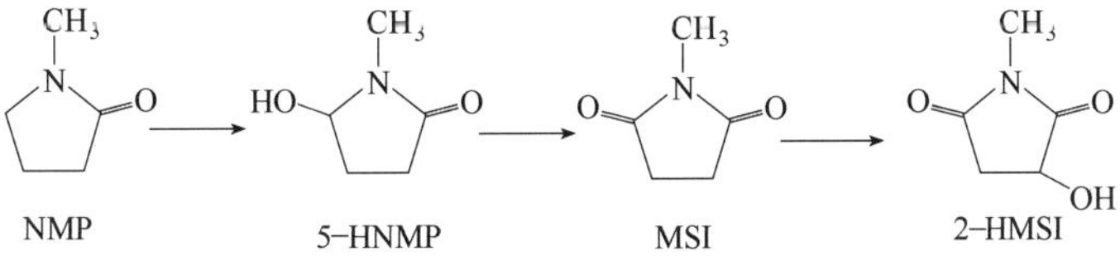

图 4-8 NMP 在人体内的代谢过程示意图

4.5.2.2 生物毒性

（1）急性毒性

NMP 对大鼠和小鼠急性吸入的半致死浓度（LC_{50}）超过 5100mg/m^3，急性经口半致死剂量（LD_{50}）为3605~7725mg/kg体重，急性经皮LD_{50}为5000~7000mg/kg体重。基于此，由联合国颁布的“全球化学品统一分类和标签制度”（GHS）将NMP的急性毒性列为第4类（具体分类见表4-9）。

表4-9 急性毒性的危险类别

接触途径	分类类别
口服/（mg/kg体重）	0<第1类≤5，5<第2类≤50 50<第3类≤300，300<第4类≤2000
皮肤/（mg/kg体重）	0<第1类≤50，50<第2类≤200 200<第3类≤1000，1000<第4类≤2000
蒸气/（mg/L）	0<第1类≤0.5，0.5<第2类≤2.0 2.0<第3类≤10.0，10.0<第4类≤20.0

（2）生殖毒性

Saillenfait等人研究了吸入不同浓度NMP后，怀孕6~20天的SD鼠母体和胎儿的生长情况，发现NMP对SD鼠母体毒性和发育毒性的未观察到损害作用浓度（NOAEL）分别为124mg/m^3、247mg/m^3，且当吸入的NMP浓度为247mg/m^{3}时，母体的体重开始下降；当吸入的NMP浓度达到494mg/m^{3}时，母体的食量开始减少、胎儿的体重开始下降。他们进一步地研究了口服不同剂量的NMP后，怀孕6~20天的SD鼠母体和胎儿的生长情况，发现NMP对SD鼠母体和发育的NOAEL分别为125mg/（kg体重·d）、750mg/（kg体重·d），且当口服的NMP量达到500mg/（kg体重·d）后，随着口服的NMP量的继续增加，母体的食欲下降、胎盘着床脱落数增加；骨骼变异和软组织畸形的胎儿数量增加。

Becci等人研究了皮肤接触不同剂量的NMP后，怀孕6~15天的SD鼠母体和胎儿的生长情况，发现NMP对SD鼠母体毒性和发育毒性的NOAEL分别为237mg/（kg体重·d）、750mg/（kg体重·d）。

此外，1995年曾有一例孕妇中毒病例报道：一个怀孕16周女工在清理溢出的NMP时，乳胶手套被NMP溶解，然后大量的NMP接触到她手上的皮肤，并且渗入了皮肤之中。在接下来的4天里，她出现了头疼、恶心和呕吐的症状，一个月后的B超检查显示胎儿宫内发育迟缓，第31周胎儿死亡。

动物实验研究表明，NMP的生殖毒性主要集中于对实验动物体重、食量及其胎儿畸形的影响。GHS将NMP的生殖毒性列为第1B类。生殖毒性危害类别的具体分类如下：

第1类：已知或假定的人类生殖毒物。

这一类中所包含的物质为已知对人类性功能和生育功能产生有害影响，或对发育产生有害影响的物质，或有动物研究证据——可能的话并有其他信息佐证，可以相当肯定地推断出该物质可对人类生殖造成干扰。

第1A类：已知的人类生殖毒物。

物质划为本类别主要是以人类证据为基础。

第 1B 类：假定的人类生殖毒物。

将物质划分为本类别主要以实验动物证据为基础。动物研究数据应提供明确的证据，表明在没有其他毒性效应的情况下，可对性功能和生育能力或对发育产生有害的影响，或者如果与其他毒性效应一起发生，对生殖的有害影响被认为不是其他毒性的非特异继发性结果。

第 2 类：可疑的人类生殖毒物。

本类别所包含的物质是，一些人类或实验动物证据（可能还有其他信息佐证）表明在没有其他毒性效应的情况下，可对性功能和生育能力或发育产生有害影响的物质，或者如果与其他毒性效应一起发生，对生殖的有害影响被认为不是其他毒性的非特异继发性结果，而证据又不足以充分确定可将物质划为第 1 类的物质。

此外，NMP 还具有重复剂量毒性以及对眼睛、皮肤和呼吸道的一定刺激性。

4.5.2.3 环境毒性

目前，关于 NMP 在环境毒性方面的研究主要集中于其在环境中的蓄积性。

Akesson 等人研究表明 NMP 是一种很稳定的化合物，不易化学降解。Cai S 等人研究发现在有氧的情况下，NMP 很容易发生生物降解。解书东等人进一步研究了制革二级出水中的 NMP 在 28 天内的可生物降解性，发现质量浓度在 1400mg/L 内，随着 NMP 浓度的增加，其生物降解率也相应提高，当 NMP 质量浓度为 1370.7mg/L 时，降解率高达 94.93%。

这表明 NMP 易生物降解，在环境中的生物蓄积性小。

4.5.3 法规及标准对 NMP 的限制

由于 NMP 的生殖毒性，许多国家和组织陆续开始制定相应的法规和标准，来限制 NMP 在各类产品中的含量。

4.5.3.1 美国加州 65 号提案

1999 年 4 月，加州环境健康危害评估办公室（OEHHA）在加利福尼亚州化学品监管通告注册（CRNR）会上明确提出考虑将 NMP 列入加州 65 号提案。2001 年 6 月，OEHHA 正式将 NMP 列入加州 65 号提案，这也是 NMP 首次被国家法律列入有毒有害物质清单。2003 年 3 月，OEHHA 进一步发布了 NMP 的安全暴露值，规定体重在 58kg 左右的成人每天通过呼吸摄入体内的最大允许剂量为 3.2mg，每天通过皮肤接触进入体内的最大允许剂量为 17mg。

4.5.3.2 欧盟 REACH 法案

2011 年，欧洲化学品管理局将 NMP 列入《关于化学品注册、评估、许可和限制（简称 REACH）法案》第五批高关注物质（SVHC）候选清单，并规定其在产品中的含量不超过 1000mg/kg。

4.5.3.3 OEKO-TEX Standard 100 标准

2012 年，由国际环保纺织协会发布的 OEKO-TEX Standard 100 标准中，将 NMP 列入到新增的“溶剂残留物”检测物质范围，并规定其含量不能超过产品质量分数的 0.1%。2014 年发布的 OEKO-TEX Standard 100 标准进一步将 NMP 作为特定产品的残余溶剂列入到纺前原液染色纤维产品的残余溶剂检测范围，作为例外，规定 NMP 的含量不能超过质量分数的 3%。在 2018 年最新发布的 OEKO-TEX Standard 100 标准中，NMP 除了在丙烯酸、聚氨酯弹性体及聚氨酯、聚氯乙烯、聚偏氯乙烯基纺织品中的含量仍然不能超过质量分数的 0.1%外，在其余常规产品中的含量再次降低到质量分数的 0.05%。

此外，德国、荷兰、世界卫生组织（WHO）和国际材料数据系统（IMDS）等国家和组织也都相继出台了对产品中的 NMP 含量限制的法规和标准。与国外相比，我国在皮革制品中化学品残留的监管方面较为落后，无论是行业内唯一的强制性国家标准 GB 20400—2006《皮革和毛皮　有害物质限量》，还是具有标志认证性质的标准 HJ 507—2009《环境标志产品技术要求　皮革和合成革》，均没有对 NMP 进行限量。

4.5.4 我国市售皮革产品中的 NMP 含量

由于许多国家和组织的法规和标准对产品中的 NMP 含量有限量要求，我国对外出口的皮革产品中的 NMP 含量必须满足相应的法规和标准。通过对来自我国不同地区的皮革产品中的 NMP 含量进行检测和分析，结果表明：NMP 含量的范围一般在 60~340mg/kg，满足相关法规及标准的要求，出口风险较小。

4.5.5 应对策略

自从 NMP 在 2001 年被加州 65 号提案列入有害物质清单后，许多的公司和研究者开始寻找环境友好的产品来代替 NMP 在各个领域中的应用。关于无 NMP 水性聚氨酯皮革涂饰剂的研究已经取得了一定的进展。

由于 *N*-乙基吡咯烷酮（NEP）尚未被欧洲化学品管理局列入 SVHC 清单，且具有与 NMP 相似的性能，因此在制革工业中，越来越多的生产商开始用 NEP 代替 NMP。然而有研究表明 NEP 同样具有生殖毒性；此外，NEP 的沸点比 NMP 要高，蒸气压比 NMP 要低，故 NEP 在皮革中残留的时间比 NMP 更长，人体在其中的暴露时间也更长。

作为万能溶剂的二甲基亚砜（DMSO）也被用来作为 NMP 的替代品。但是 DMSO 较高的熔点、较差的热稳定性以及发育毒性限制了其在制革工业领域的应用。

2003 年，Wenzel 宣布拜耳公司成功研发出了无 NMP 水性聚氨酯皮革涂饰剂。2004 年，Clairant 公司成功研制出满足汽车革需求的无 NMP 水性聚氨酯皮革涂饰剂，并于 2005 年 6 月完成全部的更新换代。2012 年，巴斯夫公司表示，其研制的无 NMP 水性聚氨酯乳液的性能可以满足高档真皮革对高性能涂饰剂的要求。

由上可知，国外许多公司均已成功研制出了无 NMP 水性聚氨酯皮革涂饰剂并商业化。而对于我国来说，目前在该方面的研究很少，还有很长一段路要走。

由于 NMP 对人体健康的毒性，越来越多的国家和组织对产品中的 NMP 含量进行了限量要求。虽然在当前的限量要求下，我国目前市售皮革产品中 NMP 含量能够满足要求，出口风险较小，但根据近年来国际社会对于高度关注化学物质的管理趋势，不难推断出限制 NMP 的区域和行业会越来越多，限量要求越来越严格，甚至不排除完全禁用 NMP。为了应对这种风险，我们应该积极寻求环境友好的 NMP 替代品，以规避可能的绿色贸易壁垒问题，保证皮革产品的生态质量安全。

参考文献

[1] 魏世林. 制革工艺学 [M]. 北京：中国轻工业出版社，2001.

[2] Y. Gong，X. Liu，L. Huang. Stabilization of chromium：An alternative to make safe [J]. Journal of Hazardous Materials，2010，179 (1)：540-544.

[3] 桑军，王梦頔，俞凌云，等. 皮革行业化学品的管理现状 [J]. 生态毒理学报，2015，10 (2)：123-130.

[4] Ferreiro，C.，Villota，N.，Lombrana，J. I.，et al. An efficient catalytic process for the treatment of genotoxic aniline wastewater using a new granular activated carbon-supported titanium dioxide composite [J]. Journal of Cleaner Production，2019，228：1282-1295.

[5] Liu Y., Zhang H., Sun J., et al. Degradation of aniline in aqueous solution using non-thermal plasma generated in microbubbles [J]. Chemical Engineering Journal, 2018, 345: 679-687.

[6] 廖隆理. 制革化学与工艺学 [M]. 北京: 科学出版社, 2005.

[7] Chen B. H., Chen Y. C. Formation of polycyclic aromatic hydrocarbons in the smoke from heated model lipids and food lipids [J]. Journal of Agricultural and Food Chemistry, 2001, 49 (11): 5238-5243.

[8] 李桂华. 油料油脂检验与分析 [M]. 北京: 化学工业出版社, 2006.

[9] A. M. Saillenfait, F. Gallissot, G. Morel. Developmental toxicity of N-methyl-2-pyrrolidone in rats following inhalation exposure [J]. Food & Chemical Toxicology, 2003, 41 (4): 583-588.

[10] A. V. Hallare, H. R. Kohler, R. Triebskorn. Development toxicity and stress protein responses in zebrafish embryos after exposure to diclofenac and its solvents, DMSO [J]. Chemosphere, 2004, 56 (7): 659-666.

第五章

制革化学品风险筛查

如前文所述，风险是指某一特定暴露下化学品或混合物对人或环境产生不利影响的概率，风险源自暴露和危害。简单地来说，风险评估就是“危害情况有多危险”，是基于分析科学数据对风险的形式、数量、特征的描述，是对这种不利影响的可能性加以定性或定量表征。风险评估通常包含 4 个步骤，如图 5-1 所示。

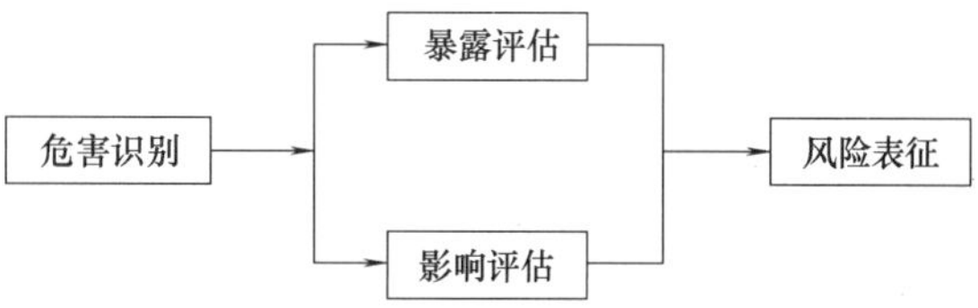

图 5-1 风险评估的步骤示意图

危害识别即对物质由于内在特性造成的不利影响的识别。由于暴露可能引起损害，因此需要将这种危害从风险中区分出来。风险管理角度上的危害识别包括收集和评估由一种化学品可能引起的健康影响或疾病的类型，暴露在何种条件下产生环境破坏、伤害或疾病。比如，某一有毒化学品对人类具有健康危害，但是它并不会对人类有暴露，那么它也不会构成风险。对人类的危害可包括生殖缺陷、神经系统缺陷和癌症等，生态危害可包括致死效应等。这些信息可源于实验室研究、意外事故。危害识别也可涉及化学品体内行为和其与器官、细胞或遗传物质的相互作用的表征。

危害识别需要化学品的危害信息全面且准确，对于皮革行业，很难具备直接测试化学品的毒性或危害的能力和条件，因此皮革行业的危害识别，应是在掌握所使用化学品的主要成分基础上，收集已有的毒性学等危害数据，参考发达国家的法律法规、国际权威行业组织机构和协会已公布的化学品限制清单，识别所用化学品是否存在风险。

5.1 国际化学品管理法令法规

5.1.1 欧盟高度关注物质清单

高度关注物质（Substances of Very High Concern，SVHC），来源于欧盟 REACH 法规。

根据 REACH 法规第 57 条，SVHC 按照以下标准来确定。

① 被欧盟 CLP 法规 1272/2008/EC《化学物质及混合物的分类、标签及包装》分类为 1a 及 1b 的致癌物质、致畸变物质和生殖毒性物质；

② 按照 REACH 法规附件ⅩⅢ确定的持久、生物累积、有毒物质（PBT）和强持久强生物累积物质（vPvB）；

③ 其他有实际案例证明对人类及环境有严重危害影响的物质（如内分泌干扰素）。

2008 年 10 月 28 日，欧盟化学品管理局首次公布《第一批 SVHC 候选清单》，截至 2021 年 1 月 19 日，SVHC 候选清单物质已更新至第 24 批。目前正式公布的候选清单中包含 211 项 SVHC 物质，包括多种无机物和有机物，应用遍布各个行业。

物质一旦被加入候选清单即为 SVHC 物质，物质、含物质的配制品以及物品的供应商届时将履行相应的义务，如传递安全数据表（Safety Data Sheet，SDS）或进行 SVHC 通报等。

根据 REACH 法规第 7 条第 2 款：如果物品中含有高关注物质（SVHC），且满足以下两个条件时，生产商或进口商需根据法规第 7 条第 4 款向欧洲化学品管理局（ECHA）进行通报，且通报内容和格式必须符合相关通报要求：

① 高关注物质在物品中的含量超过 1t/年；

② 高关注物质在物品中的质量分数超过 0.1%。

根据规定，存放有达到上述要求物品的企业，需要在 SVHC 物质发布之日的 6 个月内完成物品中相关物质的通报。如果物质在物品中的用途已经完成注册或者物质在物品中不会发生暴露的情况，那么通报可以豁免。

需要注意的是物质被列入 SVHC，并不意味着该物质已被禁用或限用，从进入名单到被禁用或限用仍然需要非常复杂的评估过程，但是在物质被列入 SVHC 后，各使用厂商应该对其进行替代研究，并评估这种替代会带来什么样的后果。其中在皮革行业可能有使用的化学物质见表 5-1。

表 5-1　可被应用于皮革行业的欧盟 SVHC 清单

编号	SVHC 高关注物质清单		皮革工业中用途
	物质名称(中文)	CAS 号	
1	邻苯二甲酸二丁酯	84-74-2	用于皮革涂层材料
2	邻苯二甲酸丁苄酯	85-68-7	用于皮革涂层材料
3	重铬酸钠	7789-12-0, 10588-01-9	EU*:用于皮革,电镀,铬颜料可被用于皮革鞣制
4	邻苯二甲酸双(2-乙基己醇)酯	117-81-7	用于皮革涂层材料
5	氯化石蜡	85535-84-8	用于皮革加脂剂或阻燃剂

续表

编号	SVHC 高关注物质清单		皮革工业中用途
	物质名称(中文)	CAS 号	
6	邻苯二甲酸二异丁酯	84-69-5	用于皮革涂层材料
7	硼酸	10043-35-3 11113-50-1	用于皮革防腐剂、脱灰剂
8	无水四硼酸钠	1330-43-4 12179-04-3 1303-96-4	皮革防腐剂
9	七水合四硼酸钠	12267-73-1	
10	铬酸钾	7789-00-6	皮革鞣制
11	重铬酸钾	7778-50-9	可用于皮革鞣制
12	1-甲基-2-吡咯烷酮	872-50-4	用作皮革涂饰剂溶剂
13	乙二醇乙醚醋酸酯	111-15-9	皮革涂饰剂溶剂,匀染剂
14	二乙二醇二甲醚	111-96-6	皮革涂饰剂溶剂,匀染剂
15	*N*,*N*-二甲基乙酰胺	127-19-5	用作皮革涂饰剂溶剂
16	乙二醇二甲醚	110-71-4	皮革涂饰剂溶剂,匀染剂
17	十溴联苯醚	1163-19-5	皮革阻燃剂
18	全氟十三酸	72629-94-8	EU:油漆,纸张,纺织品,皮革 用作防水加脂剂
19	全氟十二烷酸	307-55-1	EU:油漆,纸张,纺织品,皮革 用作防水加脂剂
20	全氟十一烷酸	2058-94-8	EU:油漆,纸张,纺织品,皮革 用作防水加脂剂
21	全氟十四酸	376-06-7	EU:油漆,纸张,纺织品,皮革 用作防水加脂剂
22	*N*,*N*-二甲基甲酰胺	68-12-2	皮革,印刷电路板 用作皮革涂饰剂溶剂
23	乙二醇二乙醚	629-14-1	皮革涂饰剂溶剂,匀染剂
24	硝酸铅	10099-74-8	EU:染料,皮革,颜料 皮革颜料
25	全氟辛酸	335-67-1	皮革防水加脂剂
26	乙氧基化的支链和直链的 4-壬基酚(直链和/或支链的具有 9 个碳原子的烷基链共价键合在 4 位的乙氧基酚,囊括了 UVCB 和定义明确的物质,聚合物及同系物,其中包括任何单独的异构体和/或它们的组合)	—	EU:采矿;洗涤剂;油漆、涂料和清漆;皮革和纺织品加工 皮革用表面活性剂

续表

编号	SVHC 高关注物质清单		皮革工业中用途
	物质名称(中文)	CAS 号	
27	3,3′-[[1,1′-联苯]-4,4′-基双(偶氮)]双(4-氨基萘-1-磺酸)二钠(C. I. 直接红 28)	573-58-0	皮革染料
28	直接黑 38	1937-37-7	皮革染料
29	邻苯二甲酸丁基苄基酯	85-68-7	用于皮革涂层材料
30	邻苯二甲酸二(2-乙基)己酯	117-81-7	用于皮革涂层材料
31	邻苯二甲酸二异丁酯	84-74-2	用于皮革涂层材料

欧盟化学品管理局在将物质列入 SVHC 清单前，具有较严格的评估程序，因此在全世界范围内，欧盟的 SVHC 清单具有最高的参考价值，其他国家、地区或行业组织的有害化学物质清单通常都在一定程度上参考该清单，因此很多的有害化学物质都趋于相同。

本指南清单中列入的化学品均是有证据证明该物质可被应用于皮革行业的，未列入该清单的物质亦有可能随化工原料无意识进入皮革行业。

5.1.2 美国加州 65 号提案

见本书 4.3.3（略）。

5.1.3 日本《化审法》分类管理目录

见本书 2.5（略）。

5.1.4 中国

我国化学品管理总体来说，与欧盟、美国、日本等发达地区和国家之间仍有一定的差距，中国的化学品安全管理制度仍然有待完善。与发达国家和地区已经管理重点专项化学品的风险控制不同，我国的化学品管理仍然比较注重化学品的“安全性”，如国务院发布实施的《危险化学品安全管理条例》(国务院令第591号)(以下简称《条例》),其主要目的是加强危险化学品的安全管理,预防和减少危险化学品事故,保障人民群众生命财产安全,保护环境。《条例》的主要管理范围为危险化学品生产、储存、使用、经营和运输的安全管理以及废弃危险化学品的处置,管理的对象主要指的是具有毒害、腐蚀、爆炸、燃烧、助燃等性质,对人体、设施、环境具有危害的剧毒化学品和其他化学品,从管理方式到管理对象上都与化学品风险筛查具有一定的区别,因此,配合《条例》发布、包含有2828种(类)化学品的《危险化学品目录(2015版)》对化学品筛查的参考价值也相对有限。但是从企业安全生产的角度上来说,企业理应按照《条例》要求对其使用的化学品进行安全管理。

5.1.5 国际公约

20世纪80年代前,频发的化学品事故、工业污染、有毒农药和化学品污染给人类带来了惨痛的教训,一些发达国家逐渐建立并完善了化学品的立法和管理。到20世纪90年代,化学品安全问题得到了越来越多的国家和地区的重视,联合国陆续制定了多项国际化学品公约和协定,对化学品生产、运输、储存、使用、销售、进出口直至废物处置等环节提出了国际规范,以加强和推动全球化学品安全管理。

一些国际公约在提出管理规范的同时,也指定了具体的管制名单,这些名单对于筛查化学品具有较好的指导作用,如本书2.3介绍的《斯德哥尔摩公约》《鹿特丹公约》等。

5.2 国际权威行业组织机构和协会

各国制定的法律法规更多地倾向于对各类危害化学品进行管理,其物质清单中多数包含的是在全球范围内具有广泛应用、已达成限制共识的物质,重点的如有机氯农药等。多数化学品在皮革行业没有应用的可能,在化学品筛查中不具有直接的指导意义。相较而言,一些权威的行业组织机构、协会以及专业技术机构发布的行业标准等文件的限制清单具有更高的参考性,也更符合行业特性,在筛查化学品风险时应重点参考。

5.2.1 欧盟生态标签

欧盟的生态标签（Eco-labal）始于 1992 年，由欧洲委员会主管，各成员国家自己管理。目前在 17 个国家有这样的成员单位，其中 8 个国家有自己的环保标签项目，而其他的国家项目都严格依赖欧盟的生态标签。欧洲生态标签包括了消费者的日用产品，这些产品可以在超市和商场购买到（但是在这项计划中不包括食品、饮料和药品）。生产商是否申请生态标签完全是自愿的，如果他们申请，就能使自己的产品在竞争中获得优势。

生态标准需要对产品“一生”中各个阶段对环境的影响进行科学的评估。这些评估关注能源消耗，水污染，空气污染，废料生成，可持续森林管理，噪声污染或土壤污染等。另外，它们还包括“适用”标准，一旦一项标准被大多数成员国和欧盟委员会通过并被采用，它的有效期将持续 3 年。3 年之后，这个标准将得到修正而且有可能变得更加严格，这主要依据当时的市场情况和科技而定。

目前欧盟的生态标签主要授予灯泡、床垫、电视机、纺织品、鞋类等 21 类产品，其中与皮革行业具有密切相关性或参考性的产品是鞋类和纺织品，根据生态标签的工作计划，皮革制品的生态标准也在制定中。

欧盟生态标签对于鞋类中残留化学品的规定见表 5-2。

表 5-2　　欧盟生态标签鞋类中残留化学品的规定

序号	化学品	要求
1	六价铬	以皮革为原料的鞋子,在产品中不应含有六价铬(检出限为 3mg/kg)
2	砷、镉、铅	所用材料及最终产品中不得含有砷、镉、铅
3	甲醛	皮革中水解甲醛不得高于 150mg/kg,纺织品中不得检出(检出限 20mg/kg)
4	四氯苯酚(PCP)、五氯苯酚(TCP)	不得使用(检出限 0.1mg/kg)
5	致癌芳香胺染料	不得使用(检出限 30mg/kg)
6	亚硝胺	橡胶材料中不得使用
7	短链氯化石蜡($C_{10\sim13}$)	不得使用
8	致癌、致突变或对环境有毒害的染料	不得使用
9	烷基聚氧乙烯醚(APE)	不得使用
10	全氟辛烷磺酰基化合物(PFOS)	不得使用
11	致敏染料	不得使用
12	邻苯二甲酸盐: 邻苯二甲酸二正辛酯(DNOP),邻苯二甲酸二异壬酯(DINP),邻苯二甲酸二异癸酯(DIDP)	不得使用

欧盟生态标签纺织品中对于残留化学品的规定见表 5-3。

表 5-3　　欧盟生态标签纺织品中对于残留化学品的规定

序号	化学品	要求
1	氯酚类化合物及其盐和酯类	不得使用
2	多氯联苯	不得使用
3	有机锡化合物	不得使用
4	重金属(铁除外)	不得使用(检出限 0.1mg/kg)
5	甲醛	不得使用(检出限 30mg/kg)
6	烷基聚氧乙烯醚(APEOs)	橡胶材料中不得使用
7	直链烷基苯磺酸盐(LAS)	不得使用
8	双(氢化牛油烷基)二甲基氯化铵(DTDMAC)	不得使用
9	二硬脂酰二甲基氯化铵(DSDMAC)	不得使用
10	二硬化牛油二甲基季铵化合物(DHTDMAC)	不得使用
11	乙二胺四乙酸(EDTA)	不得使用
12	二亚乙基三胺五乙酸二酐(DTPA)	不得使用
13	金属络合染料(不含铜、铬和镍)	不得使用
14	致癌芳香胺染料	不得使用
15	致癌、致突变染料	不得使用
16	致敏染料	不得使用
17	甲醛	3 周岁以下儿童≤20mg/kg 直接与皮肤接触的产品≤30mg/kg 其他产品≤75mg/kg
18	脂肪族二异氰酸酯	仅适用于聚氨酯产品中

5.2.2　OEKO-TEX Standard 100 生态纺织品技术要求

OEKO-TEX Standard 100 by OEKO-TEX-2021 主要的考核项目和有毒物质见表 5-4。

表 5-4　　OEKO-TEX Standard 100 标准要求限量值（配件部分除外）

产品级别	Ⅰ婴儿	Ⅱ直接接触皮肤	Ⅲ非直接接触皮肤	Ⅳ装饰材料
pH	4.0~7.5	4.0~7.5	4.0~9.0	4.0~9.0
游离的和可部分释放的甲醛	ND(不得检出)	75	150	300
可萃取的重金属/(mg/kg)				
Sb(锑)	30.0	30.0	30.0	—

续表

产品级别	Ⅰ婴儿	Ⅱ直接接触皮肤	Ⅲ非直接接触皮肤	Ⅳ装饰材料
As(砷)	0.2	1.0	1.0	1.0
Pb(铅)	0.2	1.0	1.0	1.0
Cd(镉)	0.1	0.1	0.1	0.1
Cr(铬)	1.0	2.0	2.0	2.0
Cr^{6+}(六价铬)	0.5			
Co(钴)	1.0	4.0	4.0	4.0
Cu(铜)	25.0	50.0	50.0	50.0
Hg(汞)	0.02	0.02	0.02	0.02
Ba(钡)	1000	1000	1000	1000
Se(硒)	100	100	100	100
被消解样品中的重金属/(mg/kg)				
As(砷)	100	100	100	100
Cd(镉)	40.0	40.0	40.0	40.0
Hg(汞)	0.5	0.5	0.5	0.5
Pb(铅)	90.0	90.0	90.0	90.0
杀虫剂/(mg/kg)①				
总计	0.5	1.0	1.0	1.0
棉花中草甘膦及其盐	5	5	5	5
氯化苯酚/(mg/kg)				
五氯苯酚(PCP)	0.05	0.5	0.5	0.5
四氯苯酚(TeCP),总计	0.05	0.5	0.5	0.5
三氯苯酚(TrCP),总计	0.2	2.0	2.0	2.0
二氯苯酚(DCP),总计	0.5	3.0	3.0	3.0
一氯苯酚(MCP),总计	0.5	3.0	3.0	3.0
邻苯二甲酸酯/(%,质量分数)②				
BBP,DBP,DEP,DMP,DEHP,DMEP,DIHP,DHNUP,DCHP,DHxP,DIOP,DINP,DIDP,DPrP,DHP,DNOP,DNP,DPP,总计	0.05	0.05	0.05	—
不含 DINP,总计	—	—	—	0.1
有机锡化合物/(mg/kg)				
三丁基锡化合物(TBT),三苯基锡化合物(TPhT)	0.5	1.0	1.0	1.0

续表

产品级别	Ⅰ婴儿	Ⅱ直接接触皮肤	Ⅲ非直接接触皮肤	Ⅳ装饰材料
二丁基锡(DBT),二甲基基锡(DMT),二辛基锡(DOT),二苯基锡(DPhT),二丙基锡(DPT),一甲基锡(MMT),一丁基锡(MBT),一辛基锡(MOT),一苯基锡(MphT),四丁基锡(TeBT),四乙基锡(TeET),三环乙基锡(TcyhT),三甲基锡(TMT),三辛基锡(TOT),三丙基锡(TPT)	1.0	2.0	2.0	2.0
其他残余化学物				
致癌芳香胺/(mg/kg)	20	20	20	20
苯胺/(mg/kg)	20	50	50	50
苯/(mg/kg)	5.0	5.0	5.0	5.0
双酚 A/(mg/kg)	100	100	100	100
偶氮二甲酰胺(ADCA)/(%,质量分数)	0.1	0.1	0.1	0.1
富马酸二甲酯 DMFu/(mg/kg)	0.1	0.1	0.1	0.1
邻苯基苯酚(OPP)/(mg/kg)	10	25	25	25
苯酚/(mg/kg)	20	50	50	50
喹啉/(mg/kg)	20	50	50	50
三(2-氯乙基)磷酸酯(TCEP)/(mg/kg)	10	10	10	10
染料/(mg/kg)				
可裂解的致癌芳香胺	20	20	20	20
可裂解苯胺	20	50	50	50
致癌染料	50			
致敏染料	50			
其他	50			
海军蓝	不得使用			
C.I. 碱性黄 2	不得检出			
氯化苯和氯化甲苯/(mg/kg)				
总计	1.0	1.0	1.0	1.0
多环芳烃 PAH/(mg/kg)				
苯并[a]芘	0.5	1.0	1.0	1.0
苯并[e]芘	0.5	1.0	1.0	1.0

续表

产品级别	Ⅰ婴儿	Ⅱ直接接触皮肤	Ⅲ非直接接触皮肤	Ⅳ装饰材料
苯并[a]蒽	0.5	1.0	1.0	1.0
䓛	0.5	1.0	1.0	1.0
苯并(b)荧蒽	0.5	1.0	1.0	1.0
苯并(j)荧蒽	0.5	1.0	1.0	1.0
苯并(k)荧蒽	0.5	1.0	1.0	1.0
二苯并(a,h)蒽	0.5	1.0	1.0	1.0
24 种 PAHs 总计	5.0	10.0	10.0	10.0
生物活性产品				
	无			
阻燃产品				
总计	无 (<10mg/kg,每个;SCCP+MCCP 总量<50mg/kg) 总量<50mg/kg			
残留溶剂/(%，质量分数)③				
N-甲基吡咯烷酮(NMP)	<0.05 <0.10④			
N,*N*-二甲基乙酰胺(DMAc)	<0.05 <0.10④			
N,*N*-二甲基甲酰胺(DMF)	<0.05 <0.10④			
甲酰胺	0.02	0.02	0.02	0.02
残留表面活性剂、润湿剂/(mg/kg)				
辛基苯酚(OP),壬基苯酚(NP),庚基苯酚(HpP),戊基苯酚(PeP),总计	10.0	10.0	10.0	10.0
OP,NP,HpP,PeP 辛基聚氧乙烯酚醚,壬基酚聚氧乙烯醚,总计	100.0	100.0	100.0	100.0
4-叔丁基苯酚	受监测			
PFCs，全氟及多氟化合物				
全氟辛烷磺酰基化合物(PFOS),PFOSA,PFOSF,N-Me-FOSA,N-EtFOSA,N-Me-FOSE,N-Et-FOSE 总计/($\mu g/m^2$)	1.0	1.0	1.0	1.0
全氟辛酸 PFOA/($\mu g/m^2$)	1.0	1.0	1.0	1.0

续表

产品级别	Ⅰ婴儿	Ⅱ直接接触皮肤	Ⅲ非直接接触皮肤	Ⅳ装饰材料
PFHpA/(mg/kg)	1.0	1.0	1.0	1.0
PFNA/(mg/kg)	0.05	0.05	0.05	0.05
PFDA/(mg/kg)	0.05	0.05	0.05	0.05
全氟十一烷酸(PFUdA)/(mg/kg)	0.05	0.1	0.1	0.5
(PFDoA)/(mg/kg)	0.05	0.1	0.1	0.5
全氟十一烷酸(PFTrDA)/(mg/kg)	0.05	0.1	0.1	0.5
全氟代十四酸(PFTeDA)/(mg/kg)	0.05	0.1	0.1	0.5
全氟羧酸/(mg/kg)	0.05	—	—	—
全氟磺酸/(mg/kg)	0.05	—	—	—
部分氟化羧酸/(mg/kg)	0.05	—	—	—
部分氟化羧酸/观察中/(mg/kg)	不得检出			
部分氟化直链醇/(mg/kg)	0.05	—	—	—
氟化醇与丙烯酸形成的酯类/(mg/kg)	0.05	—	—	—
PFOA 其他相关物质总量/(mg/kg)	1.0	1.0	1.0	1.0
紫外稳定剂/(%，质量分数)				
UV 320	0.1	0.1	0.1	0.1
UV 327	0.1	0.1	0.1	0.1
UV 328	0.1	0.1	0.1	0.1
UV 350	0.1	0.1	0.1	0.1
氯化石蜡				
短链氯化石蜡(SCCP)和中氯化石蜡(MCCP)总和/(mg/kg)	50	50	50	50
硅氧烷/(%，质量分数)				
八甲基环四硅氧烷(D4)	0.1	0.1	0.1	0.1
十甲基环四硅氧烷(D5)	0.1	0.1	0.1	0.1
十二甲基环四硅氧烷(D6)	0.1	0.1	0.1	0.1
亚硝胺	0.5	0.5	0.5	0.5
亚硝基物质	5	5	5	5

备注：

① 仅适用于天然纤维；

② 适用于涂层产品、塑料溶胶印花、柔软泡绵和塑料附件；

③ 适用于在生产过程中使用溶剂的纤维、纱线、面料及涂层产品（如人造革）以及泡绵（EVA、PVC）；

④ 适用于由腈纶 PA、氨纶旧聚氨酯和芳纶制成的材料以及涂层纺织品（PU、PC、PC 胶浆、PVDC 以及 PC 共聚物）

5.2.3 国际生态皮革标准通用及特别技术条件

国际生态皮革标准通用及特别技术条件 LEATHER STANDARD by OEKO-TEX 是 2017 年 1 月 OEKO-TEX 国际环保纺织协会制定正式推出的。LEATHER STANDARD by OEKO-TEX 是一个全球标准化的独立检测认证体系，针对所有生产环节的皮革和皮革制品以及皮革辅料配饰进行有害物质检测，不仅涵盖了重要的法律法规要求，还包含对健康有害但不受法律管制的化学品以及保持人体健康的医疗参数。OEKO-TEX 认证的检测标准包含广泛的测试参数，LEATHER STANDARD by OEKO-TEX 的核心是基于科学依据制定皮革产品检测标准、限量值和检测方法，其检测标准和限量值在很多情况下比适用的国家和国际标准更为严格。所有加工环节的皮革和皮革制品，从半成品皮革制品（湿蓝色、湿白色等）到成品，包括皮革纤维材料、皮革服装，皮手套、皮包和皮鞋等皮革配件以及部分皮料（例如羊皮、小羊皮、牛皮），均可进行认证。不对稀有或受保护动物（如鳄鱼、蛇和犰狳）的皮革进行认证。皮革制品中的纺织品或非纺织品组件依据 STANDARD 100 by OEKO-TEX 进行检测。只有按照严格检测和检查程序提供可证明质量担保的生产商才可在他们的产品上使用 OEKO-TEX 标签。该标准每年都会根据国际上的化学品监管进展进行更新，各使用单位可在官方网站跟踪其最新要求，对所使用的化学品进行筛查。

OEKO-TEX Standard 100 by OEKO-TEX-2021 主要的考核项目和有毒物质见表 5-5。

表 5-5 LEATHER STANDARD by OEKO-TEX 标准要求限量值（配件部分除外）

产品级别	Ⅰ婴儿	Ⅱ直接接触皮肤	Ⅲ非直接接触皮肤	Ⅳ装饰材料
pH	3.5~7.5	3.5~7.5	3.5~7.5	3.5~7.5
游离的和可部分释放的甲醛	10	75	150	300
可萃取的重金属/(mg/kg)				
Sb(锑)	30.0	30.0	30.0	—
As(砷)	0.2	1.0	1.0	1.0
Pb(铅)	0.2	1.0	1.0	1.0
Cd(镉)	0.1	0.1	0.1	0.1
Cr(铬)	2.0	200.0	200.0	200.0
Cr^{6+} 铬(六价)	3.0	3.0	3.0	3.0
Co(钴)	1.0	4.0	4.0	4.0

续表

产品级别	Ⅰ婴儿	Ⅱ直接接触皮肤	Ⅲ非直接接触皮肤	Ⅳ装饰材料
Cu(铜)	25.0	50.0	50.0	50.0
Ni(镍)	1.0	4.0	4.0	4.0
Hg(汞)	0.02	0.02	0.02	0.02
Ba(钡)	1000	1000	1000	1000
Se(硒)	100	100	100	100
被消解样品中的重金属/(mg/kg)				
As(砷)	100	100	100	100
Cd(镉)	40.0	40.0	40.0	40.0
Hg(汞)	0.5	0.5	0.5	0.5
Pb(铅)	90.0	90.0	90.0	90.0
杀虫剂/(mg/kg)				
总计	0.5	1.0	1.0	1.0
氯化苯酚/(mg/kg)				
五氯苯酚(PCP)	0.3	0.5	0.5	0.5
四氯苯酚(TeCP),总计	0.5	0.5	0.5	0.5
三氯苯酚(TrCP),总计	0.5	0.5	0.5	0.5
二氯苯酚(DCP),总计	1.0	1.0	1.0	1.0
一氯苯酚(MCP),总计	2.0	2.0	2.0	2.0
邻苯二甲酸酯/(%,质量分数)				
BBP,DBP,DEP,DMP,DEHP,DMEP,DIHP,DHNUP,DCHP,DHxP,DIOP,DINP,DIDP,DPrP,DHP,DNOP,DNP,DPP,总计	0.05	0.05	0.05	—
不含 DINP,总计	—	—	—	0.1
有机锡化合物/(mg/kg)				
二丁基锡化合物(TBT),三苯基锡化合物(TPhT)	0.5	1.0	1.0	1.0
二丁基锡(DBT),二甲基基锡(DMT),二辛基锡(DOT),二苯基锡(DPhT),二丙基锡(DPT),一甲基锡(MMT),一丁基锡(MBT),一辛基锡(MOT),一苯基锡(MphT),四丁基锡(TeBT),四乙基锡(TeET),三环乙基锡(TcyhT),三甲基锡(TMT),三辛基锡(TOT),三丙基锡(TPT)	1.0	2.0	2.0	2.0

续表

产品级别	Ⅰ婴儿	Ⅱ直接接触皮肤	Ⅲ非直接接触皮肤	Ⅳ装饰材料
过程防腐剂/(mg/kg)				
邻苯基苯酚(OPP)	250	750	750	750
CMC/CMK	150	300	300	300
TCMTB	250	500	500	500
OIT	50	100	100	100
其他残余化学品				
致癌芳香胺/(mg/kg)	20	20	20	20
苯胺/(mg/kg)	20	50	50	50
苯/(mg/kg)	5.0	5.0	5.0	5.0
双酚 A/(mg/kg)	100	100	100	100
偶氮二甲酰胺(ADCA)/(mg/kg)	0.1	0.1	0.1	0.1
富马酸二甲酯 DMFu/(mg/kg)	0.1	0.1	0.1	0.1
苯酚/(mg/kg)	20	50	50	50
喹啉/(mg/kg)	20	50	50	50
三(2-氯乙基)磷酸酯(TCEP)/(mg/kg)	10	10	10	10
染料/(mg/kg)				
可裂解的致癌芳香胺	20	20	20	20
可裂解苯胺	20	50	50	50
致癌染料	50			
致敏染料	50			
其他	50			
海军蓝	不得使用			
C.I. 碱性黄 2	不得检出			
氯化苯和氯化甲苯/(mg/kg)				
总计	1.0	1.0	1.0	1.0
多环芳烃 PAH/(mg/kg)				
苯并[a]芘	0.5	1.0	1.0	1.0
苯并[e]芘	0.5	1.0	1.0	1.0
苯并[a]蒽	0.5	1.0	1.0	1.0
䓛	0.5	1.0	1.0	1.0
苯并(b)荧蒽	0.5	1.0	1.0	1.0
苯并(j)荧蒽	0.5	1.0	1.0	1.0

续表

产品级别	Ⅰ婴儿	Ⅱ直接接触皮肤	Ⅲ非直接接触皮肤	Ⅳ装饰材料
苯并(k)荧蒽	0.5	1.0	1.0	1.0
二苯并(a,h)蒽	0.5	1.0	1.0	1.0
24 种 PAHs 总计	5.0	10.0	10.0	10.0
生物活性产品				
	无			
阻燃产品				
	无			
总体	(<10 mg/kg,每个;SCCP+MCCP 总量<50 mg/kg) 总量<50 mg/kg			
残留溶剂/(%,质量分数)				
N-甲基吡咯烷酮(NMP)	0.05	0.05	0.05	0.05
N,*N*-二甲基乙酰胺(DMAc)	0.05	0.05	0.05	0.05
N,*N*-二甲基甲酰胺(DMF)	0.05	0.05	0.05	0.05
甲酰胺	0.02	0.02	0.02	0.02
残留表面活性剂、润湿剂/(mg/kg)				
辛基苯酚(OP),壬基苯酚(NP),庚基苯酚(HpP),戊基苯酚(PeP),总计	20.0	20.0	20.0	20.0
OP, NP, HpP, PeP 辛基聚氧乙烯酚醚,壬基酚聚氧乙烯醚,总计	100.0	100.0	100.0	100.0
4-叔丁基苯酚	受监测			
PFCs,全氟及多氟化合物				
全氟辛烷磺酰基化合物(PFOS),PFOSA,PFOSF,N-Me-FOSA,N-EtFOSA,N-Me-FOSE,N-Et-FOSE 总计/(μg/m^2)	1.0	1.0	1.0	1.0
全氟辛酸 PFOA/(μg/m^2)	1.0	1.0	1.0	1.0
PFHpA/(mg/kg)	1.0	1.0	1.0	1.0
PFNA/(mg/kg)	0.05	0.05	0.05	0.05
PFDA/(mg/kg)	0.05	0.05	0.05	0.05
全氟十一烷酸(PFUdA)/(mg/kg)	0.05	0.1	0.1	0.5
(PFDoA)/(mg/kg)	0.05	0.1	0.1	0.5
(PFTrDA)/(mg/kg)	0.05	0.1	0.1	0.5
全氟代十四酸(PFTeDA)/(mg/kg)	0.05	0.1	0.1	0.5

续表

产品级别	Ⅰ婴儿	Ⅱ直接接触皮肤	Ⅲ非直接接触皮肤	Ⅳ装饰材料
全氟羧酸/(mg/kg)	0.05	—	—	—
全氟磺酸/(mg/kg)	0.05	—	—	—
部分氟化羧酸/(mg/kg)	0.05	—	—	—
部分氟化羧酸/观察中	不得检出			
部分氟化直链醇/(mg/kg)	0.05	—	—	—
氟化醇与丙烯酸形成的酯类/(mg/kg)	0.05	—	—	—
PFOA 其他相关物质总量/(mg/kg)	—	—	—	—
紫外稳定剂/(%，质量分数)				
UV 320	0.1	0.1	0.1	0.1
UV 327	0.1	0.1	0.1	0.1
UV 328	0.1	0.1	0.1	0.1
UV 350	0.1	0.1	0.1	0.1
氯化石蜡				
短链氯化石蜡(SCCP)和中氯化石蜡(MCCP)总和/(mg/kg)	50	50	50	50
硅氧烷/(%，质量分数)				
八甲基环四硅氧烷(D4)	0.1	0.1	0.1	0.1
十甲基环四硅氧烷(D5)	0.1	0.1	0.1	0.1
十二甲基环四硅氧烷(D6)	0.1	0.1	0.1	0.1
亚硝胺	0.5	0.5	0.5	0.5
亚硝基物质	5	5	5	5
可挥发物释放量/(mg/m^3)				
甲醛	0.1	0.1	0.1	0.1
甲苯	0.1	0.1	0.1	0.1
苯乙烯	0.005	0.005	0.005	0.005
4-乙烯基环己烯	0.002	0.002	0.002	0.002
4-苯基环己烷	0.03	0.03	0.03	0.03
丁二烯	0.002	0.002	0.002	0.002
氯乙烯	0.002	0.002	0.002	0.002
芳香烃	0.3	0.3	0.3	0.3
有机挥发物	0.5	0.5	0.5	0.5
气味测定				
总体	无异味			
SNV 195 651 经修正	3	3	3	3

5.2.4 美国服装和鞋类协会限制物质清单

美国服装鞋类协会（AAFA）是代表服装、鞋类还有其他缝纫产品公司及其供应商的美国全国性贸易组织。AAFA 成立于 2000 年，旨在通过减少管理、法律、商业、政治和贸易的限制，来促进和提高成员在全球市场上的竞争力、生产力和利润率。

AAFA 由其环境工作组负责制定限制物质清单（Restricted Substance List，RSL），每半年左右更新一次 RSL 清单，更新内容来源于全球各国政府以法律法规或强制性标准形式限制的化学品在鞋类和服装产品中的要求。更新的 RSL 清单作为行业有害物质管理工具，有助于全球供应链、美国服装与鞋类业对生产过程中的化学品进行管理。更新 RSL 清单的另一重要原因在于全球环境和贸易面临更为纷繁复杂的有毒有害化学品对人类安全与健康的挑战，AFAA 应美国联邦政府、州政府要求，在各类环保组织的推动下，其受限物质清单收集、整理以及定期的更新，为纺织印染相关企业的化学品管控提供了准确有效的技术信息，RSL 清单顺应现今复杂有害物质管控要求并与其保持一致。

由于服装和鞋类行业与皮革行业高度的相关性，AAFA 的限制物质清单也对皮革行业具有较高的参考价值。2021 年 5 月发布的第 22 版 RSL 清单中包含 12 大类 250 余种物质，见表 5-6。由于其更新频率较高，各使用单位可通过其网站查询其最新的 RSL 清单。

表 5-6　　AAFA 第 22 版 RSL 清单

序号	化学品
1	芳香胺(25 种)
2	石棉(6 种)
3	二噁英和呋喃(4 组,共 25 种)
4	致敏性分散染料(11 种)
5	致癌染料(9 种)
6	阻燃剂(共 20 种)
7	含氟温室气体(共 25 种)
8	重金属(11 种)
9	甲醛
10	苯
11	PFOS
12	PFOA
13	海军蓝
14	壬基酚(NP)、壬基酚聚氧乙烯醚(NPEO)
15	OP

续表

序号	化学品
16	pH
17	氯乙烯单体
18	亚硝胺(9种)
19	多环芳烃(PAH)(18种)
20	α,α,α,4-四氯甲苯;p-对氯苯三氯;α,α,α-三氯甲苯;三氯化苯;α-氯甲苯;氯化苄
21	有机锡化合物(5种)
22	杀虫剂(40种)
23	邻苯二甲酸(19种)
24	溶剂(14种)

5.2.5 有害化学物质零排放

有害化学物质零排放（Zero Discharge Hazardous Chemical，ZDHC）联盟是由多家著名服装及鞋类行业品牌和零售商组成的团体，成员品牌共同制定并分别于2011年11月、2014年6月发布了联合路线图和生产限用物质清单（Manufacturing Restricted Substances List，MRSL），ZDHC成立时承诺引领服装和鞋类行业，到2020年时，在所有产品的供应链中的所有排放途径达到有害化学物质零排放。

5.2.5.1 背景

ZDHC生产限用物质清单（ZDHC MRSL，详见第五章末附表）是一份在纺织材料、皮革、橡胶、泡沫、胶黏剂和饰件的加工过程中禁止有意使用的化学物质清单，通过使用符合ZDHC MRSL的化学制剂，供应商可以确认并向客户证明其在生产过程中未曾有意使用受限化学物质。

ZDHC MRSL不再局限于对成品中化学限用物质进行限量要求（Product Restricted Substances List，PRSL，产品限用物质清单），而是从源头端加强管控，有助于在保护消费者的同时最大程度地减少禁用有害化学物质对生产工人和环境的影响。

ZDHC MRSL所要求禁止使用的化学制剂包括但不限于在原料生产、湿加工、加工机械维护、废水处理、卫生和害虫防治过程中所使用的清洁剂、胶黏剂、油漆、油墨、洗涤剂、染料、着色剂、助剂、涂料和整理剂。ZDHC MRSL的限值适用于市售制剂中的物质，不适用于前期化学合成中的物质。

在有害化学物质零排放（ZDHC）联合路线图第 2 版中，ZDHC 品牌商承诺致力于为服装和鞋类行业定义和制定生产限用物质清单（MRSL）。在此过程中，各品牌商意识到阐明供应链上生产过程中可能使用并排放到环境中的有害物质的重要性，而不仅仅是停留在阐明成品中可能存在的有害物质。2014 年 6 月，ZDHC 品牌商取得了里程碑式的重要成就，发布了 ZDHC MRSL 第 1 版。

5.2.5.2 目的

ZDHC MRSL 旨在为品牌商及其供应商在服装和鞋类供应链中原材料加工期间的化学品管理提供一种协调统一的方法。为了实现此目的，ZDHC MRSL 提供了一种明确的优先管控化学品清单，并为商用化学制剂中的每种物质指定最高浓度限值。

ZDHC MRSL 分成不同章节，每章节注重于一种特定原材料。它说明了在创建与加工行业中所用材料类型之间的差异，以及需要设定适用限值以反映这些化学品的功能性用途。应向原材料供应商传达 MRSL 的要求，包括组装或制造服装和鞋类的分包商和工厂。为了支持使用符合 MRSL 的化学制剂的目标，ZDHC 品牌商也期望材料供应商和工厂与其化学品供应商沟通，以确保列出的物质在化学制剂中的含量不超过确定的限值。

注意：ZDHC MRSL 不能取代国家级别的适用环境或工作场所安全限制。工人对该文档中所列化学物质以及其他有害物质的接触程度不得超过职业接触限制。化学制剂必须符合所有适用的法律限制，包括更严格的任何后续限制。ZDHC MRSL 不能代替关于成品中有害物质的法律或品牌特定限制。

5.2.5.3 定义

（1）MRSL

ZDHC MRSL 是受使用禁令约束的化学物质清单。MRSL 适用于服装和鞋类材料和饰件加工工厂所用的化学品。ZDHC MRSL 中的化学品包括原材料生产、湿法工艺、保养、废水处理、卫生和病虫害防治期间所用的清洁剂、溶剂、黏合剂、颜料、油墨、洗涤剂、染料、着色剂、助剂、涂层和整理剂。不得有意在服装和鞋类生产所用材料的加工工厂中使用 MRSL 列出的物质。MRSL 限制适用于商用化学制剂中的物质，但不适用于早期化学合成所用的物质。

注意：化学制剂中限用物质的限值在某些情况下大大高于成品中限用物质的限值。这是因为限用物质在成品中的浓度几乎总是比在用来生产成品的化学制剂中的浓度低。化学制剂在稀释用于纺织品和其他材料之前，浓度很高。

（2）化学物质

化学物质是自然状态或从生产过程（REACH，2014）中获得的化学元素及其化合物。化学物质通常可使用一个唯一的化学文摘社（CAS）编号或颜色指数（CI）编号来识别。ZDHC MRSL 主要提供按 CAS 编号和 CI 编号列出的化学物质，VA 将包括无法列出单个物质的物质组。

（3）商用化学制剂

商用化学制剂通常是多种化学物质混合的专有制剂，可从拥有其自己特定商标名称的化学品供应商处购买。

（4）使用禁令

使用禁令是指在原材料或产品的生产过程中，ZDHC MRSL 上列出的化学物质或物质组不得用来实现预想的功能或效果（即不得有意使用）。此使用禁令同样适用于工厂内的其他用途，如清洁和维护。由于化学制剂中存在生产杂质，因此允许少量或微量限用物质。限用物质含量超过限值的化学制剂则不符合本 ZDHC MRSL。

5.2.5.4 生产限用物质清单创建过程

ZDHC MRSL 包括源自联合路线图 2 中原始Ⅱ类优先管控化学物质组的相关物质，以及与 ZDHC 技术咨询委员会（TAC）和缔约品牌商的资深专家讨论的其他物质。多年以来，ZDHC 品牌商已对所列出的几种物质在成品中的含量进行监控并成功地进行了限制。虽然受到 ZDHC 品牌商的限制，但将其纳入该清单会使其保持符合现有的行业标准。ZDHC MRSL 的内容尽可能由与主要原材料生产相关的独立技术专家与行业协会执行同业审查。通过与主要技术专家的协作，ZDHC 制定出一份 MRSL，该清单不但切实体现了项目的进程，而且支持长期零排放目标。

5.2.5.5 生产限用物质清单说明

（1）生产限用物质清单章节

第 1 章：纺织品和合成革加工生产限用物质清单。

适用于纺织纤维制造和湿处理加工过程以及合成革制造和加工过程所用的化学制剂和物质。

第 2 章：天然皮革加工生产限用物质清单。

适用于在天然皮革整个生产过程（从生皮到成品皮革）所用的化学制剂和物质。

（2）生产限用物质清单组

A 组：原材料和成品供应商指南。

在生产原材料和制造成品的工厂中，禁止有意地使用 A 组物质。如欲了解 AFIRM 品牌商之间协定的最低材料或成品限值，请参阅 AFIRM 指南文件，通过参阅品牌商的 RSL，了解各项要求。

B 组：化学品供应商制剂限制。

在化学品供应商购买化学制剂时物质的浓度限值。该限值禁止了对限用物质的有意使用，但允许生产过程中的合理杂质残留，任何负责任的化学品生产商都应当能够始终满足该标准。

清单第 2 版本于 2019 年 11 月 27 日发布。根据有害化学品零排放（ZDHC）计划第 2 版，其 ZDHC 的相关品牌成员都将执行针对服装鞋类产品的限制物质清单。该清单由多个服装知名品牌联合欧洲 3 个环境组织联合发布。

ZDHC 的限制物质列表管控不包括服装鞋类产品的天然皮革以及天然皮革的加工过程以及金属部件。

MRSL 中所列的物质，相关生产商均不得故意添加，另外，清单还规定了相关化学物质在化学配方中的限量。针对不同的化学物质，还给出了物质相关的用途，以便供应商排查。该列表共包含 16 大类，其中包括壬基酚类物质、氯苯以及氯甲苯类物质、氯酚类物质、分散染料以及致命致癌染料、13 款阻燃剂、卤化溶剂、有机锡、多环芳烃、全氟化物、邻苯等。ZDHC 发布最新的限制物质清单（MRSL）见附表 ZDHC 生产限用物质清单。

5.3 国内皮革化学品管理标准

5.3.1 GB 20400—2006《皮革和毛皮　有害物质限量》

为加强制革行业的化学品管理，提高制革行业的生态环保意识，全国皮革工业标准化技术委员会在 2006 年制订、发布了强制性国家标准 GB 20400—2006《皮革和毛皮 有害物质限量》，由于标准的强制性和标委会的大力宣讲、推广，该标准在制订之初极大地推动了我国皮革行业在化学品管理和维护消费者安全、健康方面的进步，顺应了生态、绿色、环保消费品的国际趋势。在标准制订过程中考虑到当时我国制革行业普遍的生产状况，GB 20400—2006《皮革和毛皮　有害物质限量》将管理控制的焦点放在了在国际上达成广泛统一意见的甲醛和偶氮染料两类化学物质上（表5-7），与国外相比，其限制指标相对较少。在国际化学品管理日新月异的情况下，该标准已经多年未修订，在控制化学品使用方面的作用也在逐渐弱化。目前，该标准已经完成标准修订立项。

表5-7　GB 20400—2006《皮革和毛皮　有害物质限量》中有害物质限量

项目	限量值		
	A类	B类	C类
有害分解芳香胺染料/(mg/kg)	≤30		
游离甲醛/(mg/kg)	≤20	≤75	≤300 (白色羊剪绒≤600)

注：A类—婴幼儿用品，年龄在24个月以内（含）的婴幼儿使用的产品；

B类—直接接触皮肤的产品，在穿着或使用时，产品的大部分面积直接与人体皮肤接触的产品；

C类—非直接接触皮肤的产品，在穿着或使用时，产品不直接与人体皮肤接触，或仅有小部分面积直接与人体皮肤接触的产品。

5.3.2　真皮标志生态皮革

在我国制革行业遭到国际绿色贸易壁垒的频频打击之后，1996年，中国皮革协会开始收集信息，着手准备《真皮标志生态皮革产品规范》，该规范于2003年1月在中国部分骨干制革企业中试点推广，该规范除了对当时欧盟限制的致癌方向染料进行了规定外，还对皮革中可能存在的六价铬、五氯苯酚和甲醛也进行了限量规定，具体要求见表5-8。作为制革行业组织，中国皮革协会对该规范进行了多年的推广，提高了我国制革行业的化学品风险意识。

表5-8　真皮标志生态皮革对特殊化学指标的要求

项目	最高限量/(mg/kg)
甲醛	直接与皮肤接触:75;一般:150
Cr^{6+}	5
五氯苯酚(PCP)	5
禁用偶氮染料	30

5.3.3　HJ/T 507—2009《环境标志产品技术要求　皮革和合成革》

为贯彻《中华人民共和国环境保护法》，减少皮革和合成革产品在生产和使用过程中对环境和人体健康的影响，原国家环境保护部发布了HJ/T 507—2009《环境标志产品技术要求 皮革和合成革》。该标准对皮革和合成革产品中的pH及其稀释差、游离甲醛、可萃取的重金属、含氯苯酚、邻苯基苯酚、可分解出致癌芳香胺的染料、气味等指标提出了限制要求，同时也对生产中使用的化学品中的有毒有害物质提出了禁用要求。该标准属于推荐性标准，仅适用于中国环境标志产品认证，由于国家在推广环境标志产品认证上的工作力度并不大，所以该标准在制革行业的影响力有限。但是该标准中的指标体系与国外先进生态产品指标有较好的对应，因此对国内皮革化学品的管控具有较高的参考价值。主要技术指标见表5-9、表5-10。

表5-9 产品中有害物质限值

<table>
<tr><th colspan="2" rowspan="2">项目</th><th colspan="3">分类</th></tr>
<tr><th>A类</th><th>B类</th><th>C类</th></tr>
<tr><td colspan="2">pH</td><td colspan="2">3.5~7.5</td><td>3.5~9.0</td></tr>
<tr><td colspan="2">pH稀释差</td><td colspan="3">≤0.7(pH<4.0时检测此项)</td></tr>
<tr><td colspan="2">游离甲醛/(mg/kg)</td><td>≤20.0</td><td>≤75.0</td><td>≤150.0</td></tr>
<tr><td rowspan="9">可萃取的重金属/(mg/kg)</td><td>六价铬(Cr^{6+})</td><td colspan="3">≤5.0</td></tr>
<tr><td>镉(Cd)</td><td colspan="3">≤0.1</td></tr>
<tr><td>汞(Hg)</td><td colspan="3">≤0.02</td></tr>
<tr><td>锑(Sb)</td><td colspan="3">≤30.0</td></tr>
<tr><td>铅(Pb)</td><td>≤0.2</td><td colspan="2">≤0.8</td></tr>
<tr><td>砷(As)</td><td>≤0.2</td><td colspan="2">≤1.0</td></tr>
<tr><td>镍(Ni)</td><td>≤1.0</td><td colspan="2">≤4.0</td></tr>
<tr><td>钴(Co)</td><td>≤1.0</td><td colspan="2">≤4.0</td></tr>
<tr><td>铜(Cu)</td><td>≤25.0</td><td colspan="2">≤50.0</td></tr>
<tr><td rowspan="2">含氯苯酚/(mg/kg)</td><td>五氯苯酚(PCP)</td><td>≤0.05</td><td colspan="2">≤0.5</td></tr>
<tr><td>四氯苯酚(TeCP)</td><td>≤0.05</td><td colspan="2">≤0.5</td></tr>
<tr><td colspan="2">邻苯基苯酚(OPP)/(mg/kg)</td><td>≤0.5</td><td colspan="2">≤1.0</td></tr>
<tr><td colspan="2">可分解出致癌芳香胺的染料/(mg/kg)</td><td colspan="3">≤30.0</td></tr>
<tr><td colspan="2">气味/级</td><td colspan="3">≤3</td></tr>
</table>

表5-10 生产过程中禁止使用的物质

序号	禁止使用的化学物质	序号	禁止使用的化学物质
1	致癌染料(9种)	6	多溴联苯(PBB)、多溴联苯醚(PBDE)
2	致敏染料(20种)	7	多环芳香烃(PAHs)
3	蓝色染料	8	全氟辛烷磺酸(PFOS)
4	烷基酚聚氧乙烯醚(APEO)	9	富马酸二甲酯(DMFu)
5	短链氯化石蜡(C_{10}~C_{13})		

5.3.4 GB 30486—2013《制革及毛皮加工工业水污染物排放标准》

环保法规中的要求很多看似与化学品危害识别并不相关，比如常见的 pH、COD、BOD、色度等均不是具体的化学品，而部分化学品如氯离子、总铬等也并非 vPvB 物质，但是需要注意的是化学品的危害与其暴露水平具有很大的关系，即使某种化学品毒性较低，但是如果其使用量尤其是排放量很大，也可能会对环境产生重要的负面影响。这类化学品虽然并非风险管理的重点，却是具体行业的管理重点，需要辨析这种危害，通过减量或替代降低这种危害。

GB 30486—2013《制革及毛皮加工工业水污染物排放标准》对制革及毛皮加工工业水污染排放限值、监测和环境影响评价、环境保护设施设计等作出明确规定，被认为是史上最严标准，主要指标具体参见本书 3.2。其中需要注意的是氯离子，由于氯离子目前尚无有效且成本低廉的处理手段，单纯依靠末端治理很难保证废水达标，因此需要减少氯离子的使用。作为制革中氯离子主要来源化合物的氯化钠首当其冲。

5.4 化学品筛查方法

制革原料皮在加工成皮革的过程中需要使用大量的化学助剂，如鞣剂、涂饰剂、染料、加脂剂等，调查显示常用的基本和专用化学品超过 2000 种，这些化学品是皮革产品中残留化学品的根本来源。因此，从源头上控制有害化学品进入制革行业尤其重要。皮革化工企业在研发化工产品前，首先对照其原材料中是否含有各物质清单中禁止使用、限制使用或具有潜在风险的化学品。对于不确定的原材料，应要求上游厂商提供原材料的主要组分、化学品安全说明书（MSDS）及相关化学品的检测报告。如果发现原材料中有具有潜在风险的化学品时，应首先考虑对该化学品进行替代，在无有效替代方案或替代方案成本较高时，应减量使用。

对于一些并未列入限制清单的化学品，当怀疑其具有较高的风险时，可以对其危害作进一步的评估分析。考虑到化学品风险评估的复杂性，照搬其方法对皮革行业化学品进行风险筛查，其数据要求以及费用等都是皮革行业难以提供的，因此本指南提供了一种简易的化学品风险筛查方法。

5.4.1 筛查流程

制革优控皮革化学品风险筛查工作分为4个技术步骤：制革工艺用量统计、危害性评估、国内外使用受限情况评估、排放特性评估，如图5-2所示。

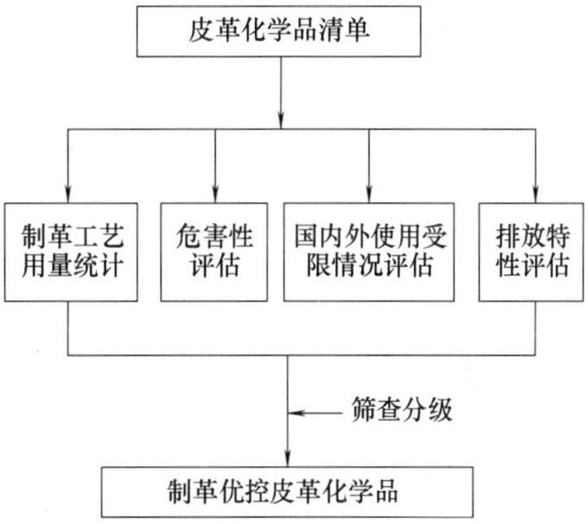

图5-2 制革优控皮革化学品风险筛查技术流程示意图

（1）制革工艺用量统计

可根据所使用化学品在皮革化学品中的含量以及皮革化学品在加工中的用量，以皮重或革重为基准，估算该化学品在皮革加工中的使用量。

按化学品进行用量等级划分，分为极高用量、高用量、中用量和低用量4级，对其进行赋值评分（YL），见表5-11。

表5-11 皮革化学品用量等级赋值评分

级别(用量统计)	分值	级别(用量统计)	分值
极高用量(10%以上)	4	中用量(1%~5%)	2
高用量(5%~10%)	3	低用量(1%以下)	1

注：用量指的是化学品单独使用，或者以该化学品为主要有效成分的化工材料多工序复合用量。

（2）危害性评估

危害性评估包括危害性鉴别和危害性分级两部分。通过危害性鉴别，可以确定化学物质由于其固有特性造成的人体健康危害；通过定性危害性分级，定性预测化学品对人体健康的危害级别。以调研的方式完成危害性评估数据的收集和整理，可通过查阅国内外相关组织、机构的官方报告，国内外重要的数据库和国内外知名化学品供应商的化学品安全技术说明书（MSDS）等形式，参见表5-12。

表5-12 收集危害性评估数据的部分网站

序号	网站	序号	网站
1	欧洲化学品管理局官网	5	ChemSpider 数据库
2	世界卫生组织(WHO)官网	6	物竞化学品数据库
3	国际化学品安全规划署(IPCS)官网	7	西格玛奥德里奇
4	经合组织(OECD)官网		

对收集的化学品的危害性数据进行评估，明确应关注的毒理学效应，并确定相应的危害剂量。根据危害剂量，按照 GB 30000.18～GB 30000.26—2013 的规定，给出化学品对人体健康的危害性分类。新化学品的危害性鉴别应按照 HJ/T 154—2004《新化学物质危害评估导则》的规定。

对危害性鉴别确定的各毒性效应和危害性分类结果，分别进行危害性分级，给出各毒性效应的危害性级别及相应级别的分值，综合健康危害性级别以所有毒性效应指标中最高危害性级别表征。危害性分为极高危害、高危害、中危害和低危害 4 个级别。

各毒性指标危害性分级规定和赋值（WH）见表 5-13～表 5-20。

表 5-13　经口、吸入、经皮急性毒性分级

危害性级别(分值)	急性毒性分类		
	经口 LD_{50}/(mg/kg)	经皮 LD_{50}/(mg/kg)	吸入 LC_{50}/(mg/L)
极高危害(4 分)	急性经口毒性类别 1	急性经皮毒性类别 1	急性吸入毒性类别 1
高危害(3 分)	急性经口毒性类别 2	急性经皮毒性类别 2	急性吸入毒性类别 2
中危害(2 分)	急性经口毒性类别 3	急性经皮毒性类别 3	急性吸入毒性类别 3
低危害(1 分)	急性经口毒性类别 4、5	急性经皮毒性类别 4、5	急性吸入毒性类别 4、5

表 5-14　皮肤腐蚀/刺激性分级

危害性级别(分值)	皮肤刺激性分类
高危害(3 分)	皮肤腐蚀性类别 1A～1C
中危害(2 分)	皮肤刺激性类别 2
低危害(1 分)	皮肤刺激性类别 3

表 5-15　眼刺激性分级

危害性级别(分值)	眼刺激危害性分类
高危害(3 分)	眼刺激性类别 1
中危害(2 分)	眼刺激性类别 2A
低危害(1 分)	眼刺激性类别 2B

表 5-16　呼吸和皮肤致敏急性毒性分级

危害性级别(分值)	呼吸和皮肤致敏危害性分类
高危害(3 分)	呼吸致敏性类别 1
中危害(2 分)	皮肤致敏性类别 1

表 5-17　致突变性分级

危害性级别(分值)	致突变性分类
极高危害(4 分)	致突变性 1 类
高危害(3 分)	致突变性 2 类

注：若因毒代动力学试验结果表明，申报化学物质不被吸收或不能达到靶组织（骨髓）等原因而不能提供体内试验数据，则可基于体外试验进行评价。

表 5-18　　生殖/发育毒性分级

危害性级别(分值)	生殖/发育毒性分类
极高危害(4 分)	生殖/发育毒性 1 类
高危害(3 分)	生殖/发育毒性 2 类

表 5-19　　反复染毒和慢性毒性分级

危害性级别(分值)	反复染毒和慢性毒性分类
高危害(3 分)	危害性 1 类
中危害(2 分)	危害性 2 类

表 5-20　　致癌性分级标准

危害性级别(分值)	致癌危害性分类
极高危害(4 分)	致癌性 1 类
高危害(3 分)	致癌性 2 类

(3) 国内外使用受限情况评估

作者以调研的方式完成了国内外使用受限情况数据的收集和整理，查阅国际标准化组织、各发达国家标准化机构和相关技术机构，并咨询了全国皮革标准化技术委员会。收集国内外使用受限情况的部分网站参见表 5-21。

表 5-21　　收集国内外使用受限情况的部分网站

序号	网站	序号	网站
1	欧洲化学品管理局官网	5	美国材料与试验协会(ASTM)官网
2	国际标准化组织(ISO)官网	6	日本标准协会官网
3	工标网	7	中华人民共和国商务部官网
4	德国标准化学会(DIN)官网		

记录受限化学品限量，进行统计归类。根据皮革化学品受限情况进行等级划分：禁止检出、禁止使用、限量使用、关注使用、未关注使用，并进行赋值评分（SX），见表 5-22。

表 5-22　　皮革化学品受限情况等级赋值评分

级别(参考限量注)	分值
禁止使用(0~0.01mg/kg)	4
禁止检出(0.02~100mg/kg)	3
限量使用(110~1000mg/kg)	2
关注使用(>1000mg/kg)	1
未关注使用	0

注：限量值为参考限量值，具体化学品还应结合该化学品的限量要求及检测方法检出限等信息。

（4）排放特性评估

以数据查询为主对皮革化学品的排放特征数据进行收集，对于信息缺失的化学品，可参考 OECD-301 或 GB/T 21831—2008《化学品　快速生物降解性　密闭瓶法实验》对其快速生物降解性进行检验。在条件具备的情况下，还可以通过 Q-SAR 模型对其生物降解性进行预测。

根据生物降解率对化学品进行等级划分：不具有固有生物降解性、固有的初级生物降解性、有固有的最终生物降解性和易快速生物降解，并进行赋值评分（PF），皮革化学品生物降解性等级赋值评分见表 5-23。

表 5-23　皮革化学品生物降解性等级赋值评分

级别(降解率)	分值
不具有固有生物降解性(0~10%)	4
固有的初级生物降解性(11%~49%)	3
有固有的最终生物降解性(50%~79%)	2
易快速生物降解(80%~100%)	1

5.4.2 风险表征

基于皮革化学品用量等级分级结果、危害性分级结果、受限情况等级分级结果、排放特性等级分级结果和危害性分级结果，按照公式计算得出化学品风险级别（RC）。

$$RC = YL \times PF \times WH + 4 \times SX \tag{5-1}$$

式中　RC——风险级别总分值，无量纲；

YL——用量等级赋分值，无量纲；

PF——生物降解性等级赋分值，无量纲；

WH——危害性分级赋分值，无量纲；

SX——受限情况等级赋分值，无量纲。

皮革化学品风险等级分为极高风险、高风险、中风险、低风险 4 个级别，风险级别划分规定见表 5-24。

表 5-24　皮革化学品风险级别划分

风险级别	分值	风险级别	分值
极高风险	30~80	中风险	10~19
高风险	20~29	低风险	1~9

当某化学品的风险等级越高时，表明其风险性越大，相关使用方应该避免使用该物质，当风险等级处于中低风险时，相关使用方可减量使用，但是应重点监控其在皮革中和废水中的残留，并做必要的处理，降低其可能对人体和环境造成的危害。

5.5 各工序风险化学品的识别及替代

5.5.1 风险化学品的识别

各组织机构的化学品限制清单对于化学品筛查至关重要，在此基础上对制革行业各工段使用的化学品进行梳理，寻找出具有潜在风险的化学品，并对其替代提供建议，将有助于各使用方管理和控制风险化学品的使用。典型制革加工工艺如图 5-3 所示。

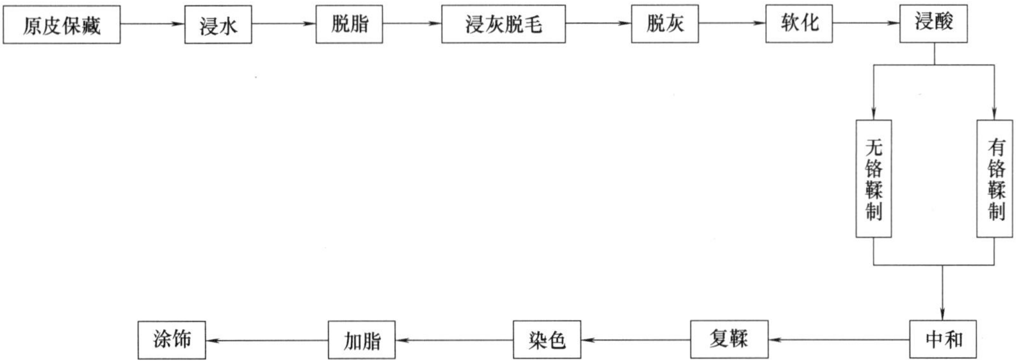

图 5-3 原料皮—成品皮生产企业工艺流程示意图

（1）原皮保藏

使用的化学品：NaCl、杀菌剂。

具有潜在风险的化合物：NaCl，杀菌剂包含五氯苯酚、四氯苯酚、邻苯基苯酚（OPP）、富马酸二甲酯（DMFu）、卤代有机类防腐剂、有机锡化合物等。

风险化合物去向：几乎全部进入后续工序废水中。

替代建议：在当前技术成熟程度下 NaCl 仍然难以完全替代，建议在原皮保藏工序将其他试剂如杀菌剂、抑菌剂、脱水剂与 NaCl 结合使用，降低 NaCl 的用量。五氯苯酚、邻苯基苯酚（OPP）、富马酸二甲酯（DMFu）、卤代有机类防腐剂可以用其他毒性较小、环境友好的防腐剂替代，常用的如 2-硫氰基甲基硫代苯并噻唑（TCMTB）、*N*-辛基异噻唑啉酮（OIT）等。此外，还可以通过工艺技术的调整减少防腐剂的用量，如采用干燥法、冷冻法，在浸水前使用转笼除盐技术回收利用盐。

识别方法：重点控制使用的化学品，使用前可要求化料供应商确保所提供的化工材料不包含禁用或限用物质，必要时提供化工材料的检测报告。相关方也可以委托相关质检机构进行针对性的检测。

（2）浸水

使用的化学品：酸、碱、盐、表面活性剂、浸水酶制剂、杀菌剂等。

具有潜在风险的化合物：NaCl，杀菌剂包含五氯苯酚、四氯苯酚、邻苯基苯酚（OPP）、富马酸二甲酯（DMFu）、卤代有机类防腐剂、有机锡化合物等，表面活性剂包含壬基酚（NP）、壬基酚聚氧乙烯醚（NPEO）、辛基酚（OP）、辛基酚聚氧乙烯醚（OPEO）。

风险化合物去向：几乎全部进入后续工序废水中。

替代建议：在当前技术成熟程度下 NaCl 仍然难以完全替代；五氯苯酚、邻苯基苯酚（OPP）、富马酸二甲酯（DMFu）、卤代有机类防腐剂可以用其他毒性较小、环境友好的防腐剂替代，常用的如 2-硫氰基甲基硫代苯并噻唑（TCMTB）、*N*-辛基异噻唑啉酮（OIT）等。烷基酚聚氧乙烯醚（APEO）可以使用脂肪醇聚氧乙烯醚或支链脂肪醇聚氧乙烯醚等其他环境友好型表面活性剂替代。

识别方法：同“（1）原皮保藏”中内容。

（3）脱脂

使用的化学品：碱、表面活性剂、酶制剂等。

具有潜在风险的化合物：表面活性剂包含壬基酚（NP）、壬基酚聚氧乙烯醚（NPEO）、辛基酚（OP）、辛基酚聚氧乙烯醚（OPEO）。

风险化合物去向：几乎全部进入后续工序废水中。

替代建议：烷基酚聚氧乙烯醚（APEO）可以使用脂肪醇聚氧乙烯醚或支链脂肪醇聚氧乙烯醚等其他环境友好型表面活性剂替代，可调整工艺使用酶法脱脂。

识别方法：同“（1）原皮保藏”中内容。

（4）浸灰脱毛

使用的化学品：硫化物、石灰、浸灰助剂、脱毛酶。

具有潜在风险的化合物：NaS、石灰（注意其使用安全性）。

风险化合物去向：约 40% 的硫化物、90% 的石灰进入废水（高 COD 含量），该工序废水可回用。

替代建议：主要通过工艺调整，实现硫化物的减量使用或替代，推荐使用保毛脱毛、酶法脱毛、无硫脱毛（过氧化氢脱毛等氧化脱毛方法）及脱毛浸灰液的循环技术等。由于该工序废水中的硫化物和氨氮浓度很高，还需要结合末端治理，废液应循环利用或单独处理。

识别方法：无。

（5）脱灰

使用的化学品：脱灰剂（铵盐、酸）。

具有潜在风险的化合物：硼酸，该化合物已被列入 REACH 的 SVHC 清单，具有生殖毒性。

风险化合物去向：主要进入废水。

替代建议：使用乳酸镁和有机酸如乳酸、甲酸、醋酸等，以及有机酯代替铵盐及硼酸脱灰。

识别方法：重点控制使用的化学品，使用前可要求化料供应商确保所提供的化工材料不包含禁用或限用物质。

（6）浸酸、软化

使用的化学品：酸、盐、酶。

具有潜在风险的化合物：NaCl。

风险化合物去向：主要进入废水。

替代建议：推荐使用无盐浸酸或者不浸酸铬鞣工艺。

识别方法：无。

（7）鞣制

使用的化学品：无机鞣剂（三价铬、铝等）、醛类鞣剂（甲醛、戊二醛等）、合成鞣剂、树脂鞣剂、植物鞣剂、油鞣剂等，盐、酸、碱等。

具有潜在风险的化合物：甲醛、六价铬、蒙囿剂。

风险化合物去向：铬鞣剂约 80%被皮革吸收结合，20%左右进入废水。甲醛极少直接使用，多为合成鞣剂原料的残留，主要存在于皮革，部分挥发至空气中或进入废水。

替代建议：甲醛的替代产品及工艺相对成熟，已极少直接使用甲醛鞣制皮革或毛皮，然而有较多的鞣剂可能会使用甲醛作为合成原料（有机膦），使用时仍难以避免游离甲醛的产生。铬鞣由于具备非常卓越的鞣制性能，目前在制革行业难以被替代，仅在小部分产品上可以做到完全替代，减少和回用技术仍是解决铬问题的主要途径；铬鞣革在运输和储存过程中还应注意环境条件，防止光照、高温等造成皮内三价铬向六价铬的转变，在工艺条件及性能要求满足的时候一方面可以采用植鞣剂结合鞣制，降低六价铬产生的风险；另一方面尽可能采用其他鞣法，减少铬和甲醛进入皮革的量。对于铬鞣废水，由于重金属可能对环境造成严重危害，需要单独处理或回用。

识别方法：根据鞣剂类型决定是否在使用前检测其游离甲醛含量，若鞣剂中含有游离甲醛，还应对成品革或坯革中的游离甲醛含量进行检测，控制其含量符合标准要求。铬鞣剂使用前也应对其六价铬含量进行检测，确保铬鞣剂中不含有六价铬，鞣制后还应对其坯革或成品革中的六价铬含量进行检测，确保成品符合要求。

（8）复鞣

同鞣制。

（9）染色

使用的化学品：染料、酸、固色剂、加脂剂。

具有潜在风险的化合物：有害芳香胺染料、致癌染料、致敏染料、甲醛、加脂剂中的表面活性剂［壬基酚（NP）、壬基酚聚氧乙烯醚（NPEO）、辛基酚（OP）、辛基酚聚氧乙烯醚（OPEO）］。

风险化合物去向：90%的染料被皮革吸收，10%左右的染料进入废水。70%～85%的加脂剂被皮革吸收，其余的进入废水。

替代建议：使用其他染料代替有害芳香胺染料、致癌染料、致敏染料。固色剂尽可能使用高分子季铵盐等聚阳离子代替双氰胺类。使用脂肪醇聚氧乙烯醚或支链脂肪醇聚氧乙烯醚等其他环境友好型表面活性剂复配的加脂剂。

识别方法：重点控制使用的化学品，使用前可要求化料供应商确保所提供的化工材料不包含禁用或限用物质，必要时提供化工材料的检测报告。相关方也可以委托相关质检机构进行针对性的检测。

（10）加脂

使用的化学品：加脂剂、酸、防水剂、防污剂。

具有潜在风险的化合物：加脂剂中的表面活性剂［壬基酚（NP）、壬基酚聚氧乙烯醚（NPEO）、辛基酚（OP）、辛基酚聚氧乙烯醚（OPEO）］，全氟辛酸（PFOA）、全氟辛烷磺酰基化合物（PFOS）。

风险化合物去向：70%～85%的加脂剂被皮革吸收，其余的进入废水。

替代建议：使用脂肪醇聚氧乙烯醚或支链脂肪醇聚氧乙烯醚等其他环境友好型表面活性剂复配的加脂剂；使用有机硅类等环境友好型防水剂替代全氟类。

识别方法：重点控制使用的化学品，使用前可要求化料供应商确保所提供的化工材料不包含禁用或限用物质，必要时提供化工材料的检测报告。相关方也可以委托相关质检机构进行针对性的检测。

（11）涂饰

使用的化学品：成膜剂、着色剂、溶剂、手感剂、抛光剂、滑爽剂、光亮剂、流平剂、交联剂、消光剂、增塑剂、防霉剂等。

具有潜在风险的化合物：涂饰工序使用的化工材料中，可能存在风险的化学品主要有溶剂、VOC、交联剂、染料、颜料中的重金属、增塑剂等。溶剂中具有潜在风险的有*N*，*N*-二甲基甲酰胺（DMF）、*N*，*N*-二甲基乙酰胺（DMAC）、*N*-甲基吡咯烷酮（NMP）；交联剂包括甲醛、异氰酸酯单体等；VOC包括甲醛、甲苯、苯乙烯、氯乙烯、芳香烃等；染料包括有害芳香胺染料、致癌染料、致敏染料；增塑剂包括邻苯二甲酸酯类等；防霉剂包括五氯苯酚、四氯苯酚、邻苯基苯酚（OPP）、富马酸二甲酯（DMFu）、卤代有机类防腐剂、有机锡化合物等。

风险化合物去向：主要残留在皮革表面，部分VOC成分进入废气，其他污染物进入废水。

替代建议：目前水性涂饰材料的研发及工艺比较成熟，溶剂型涂饰工艺及产品已被大量替代，但是水性涂饰材料中也依然存在少量溶剂。此外，在一些特定风格的皮革加工中，溶剂型涂饰仍然难以被完全替代；交联剂可以使用氮丙啶类等替代。

识别方法：重点控制使用的化学品，使用前可要求化料供应商确保所提供化工材料不包含禁用或限用物质，必要时提供化工材料的检测报告。相关方也可以委托相关质检机构进行针对性的检测。

5.5.2 参考检测标准

皮革产品中风险化学品测试标准见表5-25。

表5-25　　皮革产品中风险化学品测试标准

序号	标准名称	测试化学物质
1	ISO 17226-1:2021　皮革　甲醛含量的化学测试　第1部分:高效液相色谱法	甲醛
2	ISO 17226-2:2018　皮革　甲醛含量的化学测试　第2部分:比色法	甲醛
3	ISO 17226-3:2011　皮革　甲醛含量的测定　第3部分:皮革中释放甲醛的测定	甲醛
4	GB/T 19941.1—2019《皮革和毛皮　甲醛含量的测定　第1部分:高效液相色谱法》	甲醛
5	GB/T 19941.2—2019《皮革和毛皮　甲醛含量的测定　第2部分:分光光度法》	甲醛

续表

序号	标准名称	测试化学物质
6	GB/T 19941.3—2019《皮革和毛皮　甲醛含量的测定　第3部分:甲醛释放量》	甲醛
7	GB/T 38411—2019《皮革化学品　皮革加工助剂中游离甲醛的测定》	甲醛
8	QB/T 4201—2011《皮革化学品　树脂中甲醛含量的测定》	甲醛
9	ISO 17234-1:2020　皮革　测定染色皮革中某些偶氮染料的化学试验　第1部分:采自偶氮着色剂的某些芳香胺的测定	有害芳香胺染料
10	ISO 17234-2:2011　皮革　测定染色皮革中某些偶氮染料的化学试验　第2部分:对氨基偶氮苯的测定	有害芳香胺染料
11	GB/T 19942—2019《皮革和毛皮　化学试验　禁用偶氮染料的测定》	有害芳香胺染料
12	GB/T 33392—2016《皮革和毛皮　化学试验　禁用偶氮染料中4-氨基偶氮苯的测定》	有害芳香胺染料
13	GB 19601—2013《染料产品中23种有害芳香胺的限量及测定》	有害芳香胺
14	GB/T 30398—2013《皮革和毛皮　化学试验　致敏性分散染料的测定》	致敏染料
15	GB/T 30399—2013《皮革和毛皮　化学试验　致癌染料的测定》	致癌染料
16	ISO 17070:2015　皮革　化学试验　四氯苯酚、三氯苯酚、二氯苯酚、单氯苯酚和五氯苯酚含量的测定	含氯苯酚
17	GB/T 22808—2021《皮革和毛皮　化学试验　含氯苯酚的测定》	含氯苯酚
18	GB/T 26702—2011《皮革和毛皮　化学试验　富马酸二甲酯含量的测定》	富马酸二甲酯
19	ISO 18218-1:2015　皮革　烷基酚聚氧乙烯醚的测定　第1部分:直接法	烷基酚聚氧乙烯醚
20	ISO 18218-2:2019　皮革　烷基酚聚氧乙烯醚的测定　第2部分:间接法	烷基酚聚氧乙烯醚
21	GB/T 33285—2016《皮革和毛皮　化学试验　壬基酚及壬基酚聚氧乙烯醚含量的测定》	烷基酚聚氧乙烯醚
22	ISO 17075-1:2017　皮革　六价铬含量的测定　第1部分:分光光度法	六价铬
23	ISO 17075-2:2017　皮革　六价铬含量的测定　第2部分:色谱法皮革　六价铬含量的测定	六价铬
24	ISO 10195:2018　皮革　化学试验　预热老化条件下六价铬含量的测定	六价铬

续表

序号	标准名称	测试化学物质
25	GB/T 22807—2019《皮革和毛皮　化学试验　六价铬含量的测定:分光光度法》	六价铬
26	GB/T 38402—2019《皮革　化学试验　六价铬含量的测定:色谱法》	六价铬
27	ISO 19071:2016　皮革　六价铬含量的测定铬鞣剂中六价铬及还原性的测定	六价铬
28	GB/T 38407—2019《皮革和毛皮化学品　铬鞣剂中六价铬及还原性的测定》	六价铬
29	ISO 17072-1:2019　皮革　金属含量的化学测定　第 1 部分:可萃取金属	重金属含量
30	ISO 17072-2:2019　皮革和毛皮　金属含量的化学测定　第 2 部分:金属总量	重金属含量
31	GB/T 22930. 1—2021《皮革和毛皮　金属含量的化学测定　第 1 部分:可萃取金属》	重金属含量
32	GB/T 22930. 2—2021《皮革和毛皮　金属含量的化学测定　第 2 部分:金属总量》	重金属含量
33	GB/T 22931—2008《皮革和毛皮　化学试验　增塑剂的测定》	增塑剂
34	GB/T 22932—2008《皮革和毛皮　化学试验　有机锡化合物的测定》	有机锡
35	ISO 23702—1:2018　皮革　有机氟　第 1 部分:萃取法-液相色谱-串联质谱法(LC-MS/MS)测定非挥发性化合物含量	有机氟化物
36	GB/T 36929—2018《皮革和毛皮　化学试验　全氟辛烷磺酰基化合物(PFOS)和全氟辛酸类物质(PFOA)的测定》	有机氟化物
37	GB/T 36946—2018《皮革　化学试验　多环芳烃的测定　气相色谱-质谱法》	多环芳烃
38	GB/T 38401—2019《皮革和毛皮　化学试验　二甲基甲酰胺含量的测定》	二甲基甲酰胺
39	ISO 13365-1:2020　皮革　化学试验　防霉剂(TCMTB、PCMC、OPP、OIT)的测定　第 1 部分:乙腈萃取法	防霉剂
40	ISO 13365-2:2020　皮革　化学试验　防霉剂(TCMTB、PCMC、OPP、OIT)的测定　第 2 部分:人工汗液提取法	防霉剂
41	GB/T 38403—2019《皮革和毛皮　化学试验　防霉剂(TCMTB、PCMC、OPP、OIT)的测定:液相色谱法》	防霉剂
42	ISO 18219-1:2021　皮革　氯化烃的测定　第 1 部分:色谱法测定短链氯化石蜡	短链氯化石蜡
43	ISO 18219-2:2021　皮革　氯化烃的测定　第 2 部分:色谱法测定中链氯化石蜡	中链氯化石蜡
44	GB/T 38405—2019《皮革和毛皮　化学试验　短链氯化石蜡的测定》	短链氯化石蜡

续表

序号	标准名称	测试化学物质
45	ISO 19070:2016 皮革 化学试验 *N*-甲基吡咯烷酮(NMP)的测定	*N*-甲基吡咯烷酮
46	GB/T 38409—2019《皮革 化学试验 *N*-甲基吡咯烷酮(NMP)和*N*-乙基吡咯烷酮(NEP)的测定》	*N*-甲、乙基吡咯烷酮
47	QB/T 4200—2011《皮革和毛皮 化学实验 戊二醛含量的测定》	戊二醛
48	ISO 22517:2019 皮革 化学试验 杀虫剂残留量的测定	杀虫剂

参考文献

[1] OEHHA (Ed.). Office of environmental health hazard assessment: proposition 65 no significant risk levels (NSRLs) for carcinogens and maximum allowable dose levels (MADLs) for chemicals causing reproductive toxicity [S]. 2013.

[2] 余刚，周隆超，黄俊，等. 持久性有机污染物和《斯德哥尔摩公约》履约 [J]. 环境保护，2010，(23)：13-15.

[3] History of the negotiations of the Rotterdam Convention [EB/OL]. [2023-01-15]. http://www.pic.int/TheConvention/Overview/History/Overview/tabid/1360/language/en-US/Default.aspx.

[4] 国际环保纺织协会. OEKO-TEX Standard 100 [S]. 2018.

[5] 中华人民共和国国家质量监督检验检疫总局，中国国家标准化管理委员会. 皮革和毛皮 有害物质限量：GB/T 20400—2006 [S]. 2006.

[6] 环境保护部. 环境标志产品技术要求 皮革和合成革：HJ 507—2009 [S]. 2009.

[7] 生态环境部. 制革及毛皮加工工业水污染物排放标准：GB 30486—2013 [S]. 2013.

[8] 中华人民共和国国家质量监督检验检疫总局，中国国家标准化管理委员会. 化学品分类和标签规范 第18部分：急性毒性：GB 30000.18—2013 [S]. 2013.

[9] 中华人民共和国国家质量监督检验检疫总局，中国国家标准化管理委员会. 化学品分类和标签规范 第26部分：特异性靶器官毒性反复接触：GB 30000.26—2013 [S]. 2013.

[10] 中华人民共和国国家质量监督检验检疫总局，中国国家标准化管理委员会. 化学品 快速生物降解性：密闭瓶法试验：GB/T 21831—2008 [S]. 2008.

附表　ZDHC 生产限用物质清单 (2.0 版)

2019 年 11 月 27 日发布

烷基酚(AP)和烷基酚聚氧乙烯醚(APEOs):包括所有同分异构体					
在服装和鞋类纺织品加工过程中的潜在应用:APEO 可用作洗涤剂、精练剂、纺丝油剂、湿润剂、柔软剂,用于染料和印花的乳化剂/分散剂、浸渍剂,丝绸生产的脱胶剂、染料和颜料制剂、聚酯填料和羽绒/羽毛填充物					
CAS 编号	化学物质	适用范围	供应商指南	制剂限值	检测技术或标准
104-40-5 11066-49-2 25154-52-3 84852-15-3	壬基苯酚(NP),混合同分异构体	纺织	不得有意使用	250mg/kg	液相色谱-质谱(LC-MS),气相色谱-质谱(GC-MS) ISO 21084
		皮革	不得有意使用	250mg/kg	
		聚合物*(R,F,A)	不得有意使用	250mg/kg	
9016-45-9 26027-38-3 37205-87-1 68412-54-4 127087-87-0	壬基酚聚氧乙烯醚(NPEO)	纺织	不得有意使用	500mg/kg	液相色谱-质谱(LC-MS),气相色谱-质谱(GC-MS) ISO 18254
		皮革	不得有意使用	500mg/kg	
		聚合物(R,F,A)	不得有意使用	500mg/kg	
9002-93-1 9036-19-5 68987-90-6	辛基酚聚氧乙烯醚(OPEO)	纺织	不得有意使用	500mg/kg	液相色谱-质谱(LC-MS),气相色谱-质谱(GC-MS) ISO 18254
		皮革	不得有意使用	500mg/kg	
		聚合物(R,F,A)	不得有意使用	500mg/kg	
140-66-9 1806-26-4 27193-28-8	辛基苯酚(OP),混合同分异构体	纺织	不得有意使用	250mg/kg	液相色谱-质谱(LC-MS),气相色谱-质谱(GC-MS) ISO 21084
		皮革	不得有意使用	250mg/kg	
		聚合物(R,F,A)	不得有意使用	250mg/kg	
* R 指橡胶,F 指泡沫,A 指胶黏剂。					

抗菌剂和杀菌剂					
在服装和鞋类纺织品加工过程中的潜在应用:抗菌剂和杀菌剂可用来延长原料的存储时间、去除或杀灭成品的异味或螨虫。					
CAS 编号	化学物质	适用范围	供应商指南	制剂限值	检测技术或标准
90-43-7	邻苯基苯酚(及其盐)	纺织	不得有意使用	5000mg/kg	溶剂萃取 LC-MS, LC-DAD, GC-MS ISO 22992-1(纺织), EN 17134, ISO 13365-1(皮革)
		皮革	没有限制	允许使用,并且在 BPR(欧盟生物杀灭剂法规)、PT6(储存防腐剂)下允许 OPP(邻苯基苯酚)用于制剂的防腐剂	
		聚合物(R,F,A)	没有限制	—	

续表

CAS 编号	化学物质	适用范围	供应商指南	制剂限值	检测技术或标准
52645-53-1	氯菊酯	纺织	不得有意使用	250mg/kg,除提到的流程之外	溶剂萃取,LC-MS/M,GC-MS/MS
		皮革	不得有意使用	250mg/kg,除提到的流程之外	
		聚合物(R,F,A)	不得有意使用	250mg/kg,除提到的流程之外	

氯菊酯不允许有意使用。但应当注意的是,氯菊酯已获得 BPR 的批准用于羊毛窗帘、地毯和地板覆盖物的杀虫剂、杀螨剂和其他节肢动物杀灭剂(PT18)。氯菊酯可以用于个人防护用品(EU 2016/425,EPA 注册产品、APVMA 注册产品、PMRA 注册产品等)。氯菊酯有时还被允许用于某些特定的用途如军事等。因此,我们应尽可能地延长上述产品的使用寿命,从而最大限度地减少氯菊酯在环境中的排放量

3380-34-5	三氯生	纺织	不得有意使用	250mg/kg	溶剂萃取 LC-MS、DAD ISO 22992-2
		皮革	不得有意使用	250mg/kg	
		聚合物(R,F,A)	不得有意使用	250mg/kg	

氯化石蜡

在服装和鞋类纺织品加工过程中的潜在应用:氯化石蜡在制革工业中被用作加脂剂,有时在其他行业也会用作阻燃剂和 PVC 增塑剂。

CAS 编号	化学物质	适用范围	供应商指南	制剂限值	检测技术或标准
85535-84-8	短链氯化石蜡(C10~C13)	纺织	不得有意使用	250mg/kg	ISO 22818:2021
		皮革	不得有意使用	250mg/kg	
		聚合物(R,F,A)	不得有意使用	250mg/kg	
85535-85-9	中链氯化石蜡(MCCPs)(C14~C17)	纺织	不得有意使用	250mg/kg	ISO 22818:2021
		皮革	不得有意使用	250mg/kg	
		聚合物(R,F,A)	不得有意使用	250mg/kg	

氯苯和氯甲苯

在服装和鞋类纺织品加工过程中的潜在应用:氯苯和氯甲苯(氯化芳香烃)可用作涤纶或羊毛/涤纶纤维染色工艺中的载体。它们也可用作溶剂。

CAS 号	化学物质	适用范围	供应商指南	制剂限值	检测技术或标准
95-50-1	1,2-二氯苯	纺织	不得有意使用	500mg/kg	GC-MS
		皮革	不得有意使用	500mg/kg	
		聚合物(R,F,A)	不得有意使用	500mg/kg	
多种	其他一氯苯、二氯苯、三氯苯、四氯苯、五氯苯和六氯苯同分异构体以及一氯甲苯、二氯甲苯、三氯甲苯、四氯甲苯和五氯甲苯同分异构体	纺织	不得有意使用	总计=200mg/kg,四氯甲苯和三氯甲苯各 5mg/kg	GC-MS
		皮革	不得有意使用	总计=200mg/kg,四氯甲苯和三氯甲苯各 5mg/kg	
		聚合物(R,F,A)	不得有意使用	总计=200mg/kg,四氯甲苯和三氯甲苯各 5mg/kg	

续表

氯代苯酚					
在服装和鞋类纺织品加工过程中的潜在应用：氯代苯酚是用作防腐剂或杀虫剂的多氯化合物。五氯苯酚（PCP）和四氯苯酚（TeCP）过去常作为防腐剂应用于原皮和皮革储存/运输过程中，不过由于其对人体和环境的危害，目前已被禁止使用。					
CAS 号	化学物质	适用范围	供应商指南	制剂限值	检测技术或标准
87-86-5	五氯苯酚（PCP）[①]	纺织	不得有意使用	物质总计[①] =20mg/kg	GC-MS EN ISO 17070
		皮革	不得有意使用	物质总计[①] =20mg/kg	
		聚合物（R，F，A）	不得有意使用	物质总计[①] =20mg/kg	
58-90-2 935-95-5 4901-51-3	四氯苯酚（TeCP）[①]	纺织	不得有意使用	物质总计[①] =50mg/kg	GC-MS EN ISO 17070
		皮革	不得有意使用	物质总计[①] =50mg/kg	
		聚合物（R，F，A）	不得有意使用	物质总计[①] =50mg/kg	
120-83-2	2，4-二氯苯酚[①]	纺织	不得有意使用	物质总计[①] =50mg/kg	GC-MS EN ISO 17070
		皮革	不得有意使用	物质总计[①] =50mg/kg	
		聚合物（R，F，A）	不得有意使用	物质总计[①] =50mg/kg	
95-57-8	2-氯苯酚[①]	纺织	不得有意使用	物质总计[①] =50mg/kg	GC-MS EN ISO 17070
		皮革	不得有意使用	物质总计[①] =50mg/kg	
		聚合物（R，F，A）	不得有意使用	物质总计[①] =50mg/kg	
583-78-8	2，5-二氯苯酚[①]	纺织	不得有意使用	物质总计[①] =50mg/kg	GC-MS EN ISO 17070
		皮革	不得有意使用	物质总计[①] =50mg/kg	
		聚合物（R，F，A）	不得有意使用	物质总计[①] =50mg/kg	
87-65-0	2，6-二氯苯酚[①]	纺织	不得有意使用	物质总计[①] =50mg/kg	GC-MS EN ISO 17070
		皮革	不得有意使用	物质总计[①] =50mg/kg	
		聚合物（R，F，A）	不得有意使用	物质总计[①] =50mg/kg	

续表

CAS 编号	化学物质	适用范围	供应商指南	制剂限值	检测技术或标准
88-06-2	2,4,6-三氯苯酚①	纺织	不得有意使用	物质总计①=50mg/kg	GC-MS EN ISO 17070
		皮革	不得有意使用	物质总计①=50mg/kg	
		聚合物(R,F,A)	不得有意使用	物质总计①=50mg/kg	
591-35-5	3,5-二氯苯酚①	纺织	不得有意使用	物质总计①=50mg/kg	GC-MS EN ISO 17070
		皮革	不得有意使用	物质总计①=50mg/kg	
		聚合物(R,F,A)	不得有意使用	物质总计①=50mg/kg	
95-95-4	2,4,5-三氯苯酚①	纺织	不得有意使用	物质总计①=50mg/kg	GC-MS EN ISO 17070
		皮革	不得有意使用	物质总计①=50mg/kg	
		聚合物(R,F,A)	不得有意使用	物质总计①=50mg/kg	
576-24-9	2,3-二氯苯酚①	纺织	不得有意使用	物质总计①=50mg/kg	GC-MS EN ISO 17070
		皮革	不得有意使用	物质总计①=50mg/kg	
		聚合物(R,F,A)	不得有意使用	物质总计①=50mg/kg	
95-77-2	3,4-二氯苯酚①	纺织	不得有意使用	物质总计①=50mg/kg	GC-MS EN ISO 17070
		皮革	不得有意使用	物质总计①=50mg/kg	
		聚合物(R,F,A)	不得有意使用	物质总计①=50mg/kg	
108-43-0	3-氯苯酚①	纺织	不得有意使用	物质总计①=50mg/kg	GC-MS EN ISO 17070
		皮革	不得有意使用	物质总计①=50mg/kg	
		聚合物(R,F,A)	不得有意使用	物质总计①=50mg/kg	

续表

CAS 编号	化学物质	适用范围	供应商指南	制剂限值	检测技术或标准
106-48-9	4-氯苯酚①	纺织	不得有意使用	物质总计① =50mg/kg	GC-MS EN ISO 17070
		皮革	不得有意使用	物质总计① =50mg/kg	
		聚合物(R,F,A)	不得有意使用	物质总计① =50mg/kg	
15950-66-0	2,3,4-三氯苯酚①	纺织	不得有意使用	物质总计① =50mg/kg	GC-MS EN ISO 17070
		皮革	不得有意使用	物质总计① =50mg/kg	
		聚合物(R,F,A)	不得有意使用	物质总计① =50mg/kg	
609-19-8	3,4,5-三氯苯酚①	纺织	不得有意使用	物质总计① =50mg/kg	GC-MS EN ISO 17070
		皮革	不得有意使用	物质总计① =50mg/kg	
		聚合物(R,F,A)	不得有意使用	物质总计① =50mg/kg	
933-78-8	2,3,5-三氯苯酚①	纺织	不得有意使用	物质总计① =50mg/kg	GC-MS EN ISO 17070
		皮革	不得有意使用	物质总计① =50mg/kg	
		聚合物(R,F,A)	不得有意使用	物质总计① =50mg/kg	
933-75-5	2,3,6-三氯苯酚①	纺织	不得有意使用	物质总计① =50mg/kg	GC-MS EN ISO 17070
		皮革	不得有意使用	物质总计① =50mg/kg	
		聚合物(R,F,A)	不得有意使用	物质总计① =50mg/kg	
①"物质总计"指限量适用同一编号下的所有物质					
染料——偶氮(形成限用胺类)					
在服装和鞋类纺织品加工过程中的潜在应用:偶氮染料是一类结构中含有偶氮基团(—N═N—)的化学品,与纤维结合力强,不易褪色,具有很好的染色效果。不过由于其在裂解过程中会产生致癌的芳香胺,目前已经禁止应用于纺织品和皮革制品中。					

续表

CAS 编号	化学物质	适用范围	供应商指南	制剂限值	检测技术或标准
101-80-4	4,4′-二氨基二苯醚	纺织	不得有意使用	150mg/kg	LC,GC ISO 14362
		皮革	不得有意使用	150mg/kg	
		聚合物(R,F,A)	不得有意使用	150mg/kg	
101-14-4	4,4′-亚甲基-二-(2-氯苯胺)	纺织	不得有意使用	150mg/kg	LC,GC ISO 14362
		皮革	不得有意使用	150mg/kg	
		聚合物(R,F,A)	不得有意使用	150mg/kg	
119-90-4	3,3′-二甲氧基联苯胺	纺织	不得有意使用	150mg/kg	LC,GC ISO 14362
		皮革	不得有意使用	150mg/kg	
		聚合物(R,F,A)	不得有意使用	150mg/kg	
101-77-9	4,4′-二氨基二苯甲烷	纺织	不得有意使用	150mg/kg	LC,GC ISO 14362
		皮革	不得有意使用	150mg/kg	
		聚合物(R,F,A)	不得有意使用	150mg/kg	
106-47-8	对氯苯胺	纺织	不得有意使用	150mg/kg	LC,GC ISO 14362
		皮革	不得有意使用	150mg/kg	
		聚合物(R,F,A)	不得有意使用	150mg/kg	
119-93-7	3,3′-二甲基联苯胺	纺织	不得有意使用	150mg/kg	LC,GC ISO 14362
		皮革	不得有意使用	150mg/kg	
		聚合物(R,F,A)	不得有意使用	150mg/kg	
120-71-8	2-甲氧基-5-甲基苯胺	纺织	不得有意使用	150mg/kg	LC,GC ISO 14362
		皮革	不得有意使用	150mg/kg	
		聚合物(R,F,A)	不得有意使用	150mg/kg	
139-65-1	4,4′-二氨基二苯硫醚	纺织	不得有意使用	150mg/kg	LC,GC ISO 14362
		皮革	不得有意使用	150mg/kg	
		聚合物(R,F,A)	不得有意使用	150mg/kg	
60-09-3	4-氨基偶氮苯	纺织	不得有意使用	150mg/kg	LC,GC ISO 14362
		皮革	不得有意使用	150mg/kg	
		聚合物(R,F,A)	不得有意使用	150mg/kg	
137-17-7	2,4,5-三甲基苯胺	纺织	不得有意使用	150mg/kg	LC,GC ISO 14362
		皮革	不得有意使用	150mg/kg	
		聚合物(R,F,A)	不得有意使用	150mg/kg	
90-04-0	邻甲氧基苯胺	纺织	不得有意使用	150mg/kg	LC,GC ISO 14362
		皮革	不得有意使用	150mg/kg	
		聚合物(R,F,A)	不得有意使用	150mg/kg	

续表

CAS 编号	化学物质	适用范围	供应商指南	制剂限值	检测技术或标准
838-88-0	3,3′-二甲基-4,4′-二氨基二苯甲烷	纺织	不得有意使用	150mg/kg	LC,GC ISO 14362
		皮革	不得有意使用	150mg/kg	
		聚合物(R,F,A)	不得有意使用	150mg/kg	
91-94-1	3,3′-二氯联苯胺	纺织	不得有意使用	150mg/kg	LC,GC ISO 14362
		皮革	不得有意使用	150mg/kg	
		聚合物(R,F,A)	不得有意使用	150mg/kg	
615-05-4	4-甲氧基间苯二胺	纺织	不得有意使用	150mg/kg	LC,GC ISO 14362
		皮革	不得有意使用	150mg/kg	
		聚合物(R,F,A)	不得有意使用	150mg/kg	
87-62-7	2,6-二甲基苯胺	纺织	不得有意使用	150mg/kg	LC,GC ISO 14362
		皮革	不得有意使用	150mg/kg	
		聚合物(R,F,A)	不得有意使用	150mg/kg	
91-59-8	2-萘胺	纺织	不得有意使用	150mg/kg	LC,GC ISO 14362
		皮革	不得有意使用	150mg/kg	
		聚合物(R,F,A)	不得有意使用	150mg/kg	
95-53-4	邻甲苯胺	纺织	不得有意使用	150mg/kg	LC,GC ISO 14362
		皮革	不得有意使用	150mg/kg	
		聚合物(R,F,A)	不得有意使用	150mg/kg	
92-87-5	联苯胺	纺织	不得有意使用	150mg/kg	LC,GC ISO 14362
		皮革	不得有意使用	150mg/kg	
		聚合物(R,F,A)	不得有意使用	150mg/kg	
95-69-2	4-氯邻甲苯胺	纺织	不得有意使用	150mg/kg	LC,GC ISO 14362
		皮革	不得有意使用	150mg/kg	
		聚合物(R,F,A)	不得有意使用	150mg/kg	
92-67-1	4-氨基联苯	纺织	不得有意使用	150mg/kg	LC,GC ISO 14362
		皮革	不得有意使用	150mg/kg	
		聚合物(R,F,A)	不得有意使用	150mg/kg	
95-80-7	2,4-二氨基甲苯	纺织	不得有意使用	150mg/kg	LC,GC ISO 14362
		皮革	不得有意使用	150mg/kg	
		聚合物(R,F,A)	不得有意使用	150mg/kg	
95-68-1	2,4-二甲基苯胺	纺织	不得有意使用	150mg/kg	LC,GC ISO 14362
		皮革	不得有意使用	150mg/kg	
		聚合物(R,F,A)	不得有意使用	150mg/kg	

续表

CAS 编号	化学物质	适用范围	供应商指南	制剂限值	检测技术或标准
97-56-3	邻氨基偶氮甲苯	纺织	不得有意使用	150mg/kg	LC,GC ISO 14362
		皮革	不得有意使用	150mg/kg	
		聚合物(R,F,A)	不得有意使用	150mg/kg	
99-55-8	5-硝基邻甲苯胺	纺织	不得有意使用	150mg/kg	LC,GC ISO 14362
		皮革	不得有意使用	150mg/kg	
		聚合物(R,F,A)	不得有意使用	150mg/kg	
553-00-4	2-萘胺乙酸盐	纺织	不得有意使用	150mg/kg	LC,GC ISO 14362
		皮革	不得有意使用	150mg/kg	
		聚合物(R,F,A)	不得有意使用	150mg/kg	
3165-93-3	4-氯邻甲苯胺盐酸盐	纺织	不得有意使用	150mg/kg	LC,GC ISO 14362
		皮革	不得有意使用	150mg/kg	
		聚合物(R,F,A)	不得有意使用	150mg/kg	
39156-41-7	4-甲氧基间苯二胺硫酸盐	纺织	不得有意使用	150mg/kg	LC,GC ISO 14362
		皮革	不得有意使用	150mg/kg	
		聚合物(R,F,A)	不得有意使用	150mg/kg	
21436-97-5	2,4,5-三甲基苯胺盐酸盐	纺织	不得有意使用	150mg/kg	LC,GC ISO 14362
		皮革	不得有意使用	150mg/kg	
		聚合物(R,F,A)	不得有意使用	150mg/kg	

染料——致癌性或等效属性

在服装和鞋类纺织品加工过程中的潜在应用:本部分所列大多数染料都受到了管控,不得再应用于纺织品和皮革领域。

CAS 编号	化学物质	适用范围	供应商指南	制剂限值	检测技术或标准
632-99-5	C. I. 碱性紫 14	纺织	不得有意使用	250mg/kg	DIN 54231
		皮革	不适用	—	
		聚合物(R,F,A)	不适用	—	
1937-37-7	C. I. 直接黑 38	纺织	不得有意使用	250mg/kg	DIN 54231
		皮革	不适用	—	
		聚合物(R,F,A)	不适用	—	
2602-46-2	C. I. 直接蓝 6	纺织	不得有意使用	250mg/kg	DIN 54231
		皮革	不适用	—	
		聚合物(R,F,A)	不适用	—	

续表

CAS 编号	化学物质	适用范围	供应商指南	制剂限值	检测技术或标准
3761-53-3	C. I. 酸性红 26	纺织	不得有意使用	250mg/kg	DIN 54231
		皮革	不适用	—	
		聚合物(R,F,A)	不适用	—	
573-58-0	C. I. 直接红 28	纺织	不得有意使用	250mg/kg	DIN 54231
		皮革	不适用	—	
		聚合物(R,F,A)	不适用	—	
569-61-9	C. I. 碱性红 9	纺织	不得有意使用	250mg/kg	DIN 54231
		皮革	不适用	—	
		聚合物(R,F,A)	不适用	—	
2475-45-8	C. I. 分散蓝 1	纺织	不得有意使用	250mg/kg	DIN 54231
		皮革	不适用	—	
		聚合物(R,F,A)	不适用	—	
2580-56-5	C. I. 碱性蓝 26(米氏酮> 0.1%)	纺织	不得有意使用	250mg/kg	DIN 54231
		皮革	不适用	—	
		聚合物(R,F,A)	不适用	—	
2475-46-9	C. I. 分散蓝 3	纺织	不得有意使用	250mg/kg	DIN 54231
		皮革	不适用	—	
		聚合物(R,F,A)	不适用	—	
2437-29-8	C. I. 碱性绿 4(孔雀石绿草酸盐)	纺织	不得有意使用	250mg/kg	DIN 54231
		皮革	不适用	—	
		聚合物(R,F,A)	不适用	—	
569-64-2	C. I. 碱性绿 4(孔雀石绿氯化物)	纺织	不得有意使用	250mg/kg	DIN 54231
		皮革	不适用	—	
		聚合物(R,F,A)	不适用	—	
82-28-0	分散橙 11	纺织	不得有意使用	250mg/kg	DIN 54231
		皮革	不适用	—	
		聚合物(R,F,A)	不适用	—	
10309-95-2	C. I. 碱性绿 4(孔雀石绿)	纺织	不得有意使用	250mg/kg	DIN 54231
		皮革	不适用	—	
		聚合物(R,F,A)	不适用	—	
1694-09-3	C. I. 酸性紫 49	纺织	不得有意使用	250mg/kg	DIN 54231
		皮革	不适用	—	
		聚合物(R,F,A)	不适用	—	

续表

CAS 编号	化学物质	适用范围	供应商指南	制剂限值	检测技术或标准
548-62-9	碱性紫 3 (＞0.1%米氏酮)	纺织	不得有意使用	250mg/kg	DIN 54231
		皮革	不适用	—	
		聚合物(R,F,A)	不适用	—	
染料——分散(致敏性)					

在服装和鞋类纺织品加工过程中的潜在应用:分散染料是一类不溶于水的化学品,可渗透纤维表面,并通过物理相互作用固定在其表面。分散染料之前主要用于涤纶、醋酸纤维、锦纶等合成纤维的染色。不过由于分散染料可能导致人体产生过敏反应,目前已经禁止用它们对纺织品染色。

CAS 编号	化学物质	适用范围	供应商指南	制剂限值	检测技术或标准
12236-29-2	分散黄 39	纺织	不得有意使用	250mg/kg	LC DIN 54231
		皮革	不适用	—	
		聚合物(R,F,A)	不适用	—	
23355-64-8	分散棕 1	纺织	不得有意使用	250mg/kg	LC DIN 54231
		皮革	不适用	—	
		聚合物(R,F,A)	不适用	—	
119-15-3	分散黄 1	纺织	不得有意使用	250mg/kg	LC DIN 54231
		皮革	不适用	—	
		聚合物(R,F,A)	不适用	—	
12222-97-8	分散蓝 102	纺织	不得有意使用	250mg/kg	LC DIN 54231
		皮革	不适用	—	
		聚合物(R,F,A)	不适用	—	
12223-01-7	分散蓝 106	纺织	不得有意使用	250mg/kg	LC DIN 54231
		皮革	不适用	—	
		聚合物(R,F,A)	不适用	—	
13301-61-6	分散橙 37/59/76	纺织	不得有意使用	250mg/kg	LC DIN 54231
		皮革	不适用	—	
		聚合物(R,F,A)	不适用	—	
2581-69-3	分散橙 1	纺织	不得有意使用	250mg/kg	LC DIN 54231
		皮革	不适用	—	
		聚合物(R,F,A)	不适用	—	
2832-40-8	分散黄 3	纺织	不得有意使用	250mg/kg	LC DIN 54231
		皮革	不适用	—	
		聚合物(R,F,A)	不适用	—	

续表

CAS 编号	化学物质	适用范围	供应商指南	制剂限值	检测技术或标准
2872-48-2	分散红 11	纺织	不得有意使用	250mg/kg	LC DIN 54231
		皮革	不适用	—	
		聚合物(R,F,A)	不适用	—	
2872-52-8	分散红 1	纺织	不得有意使用	250mg/kg	LC DIN 54231
		皮革	不适用	—	
		聚合物(R,F,A)	不适用	—	
3179-89-3	分散红 17	纺织	不得有意使用	250mg/kg	LC DIN 54231
		皮革	不适用	—	
		聚合物(R,F,A)	不适用	—	
54824-37-2	分散黄 49	纺织	不得有意使用	250mg/kg	LC DIN 54231
		皮革	不适用	—	
		聚合物(R,F,A)	不适用	—	
3179-90-6	分散蓝 7	纺织	不得有意使用	250mg/kg	LC DIN 54231
		皮革	不适用	—	
		聚合物(R,F,A)	不适用	—	
3860-63-7	分散蓝 26	纺织	不得有意使用	250mg/kg	LC DIN 54231
		皮革	不适用	—	
		聚合物(R,F,A)	不适用	—	
6373-73-5	分散黄 9	纺织	不得有意使用	250mg/kg	LC DIN 54231
		皮革	不适用	—	
		聚合物(R,F,A)	不适用	—	
61951-51-7	分散蓝 124	纺织	不得有意使用	250mg/kg	LC DIN 54231
		皮革	不适用	—	
		聚合物(R,F,A)	不适用	—	
12222-75-2	分散蓝 35	纺织	不得有意使用	250mg/kg	LC DIN 54231
		皮革	不适用	—	
		聚合物(R,F,A)	不适用	—	
730-40-5	分散橙 3	纺织	不得有意使用	250mg/kg	LC DIN 54231
		皮革	不适用	—	
		聚合物(R,F,A)	不适用	—	
56524-77-7	分散蓝 35	纺织	不得有意使用	250mg/kg	LC DIN 54231
		皮革	不适用	—	
		聚合物(R,F,A)	不适用	—	

续表

染料——海军蓝染色剂

在服装和鞋类纺织品加工过程中的潜在应用：海军蓝着色剂目前属于被管制化学品，不得再应用于纺织品领域。

CAS 编号	化学物质	适用范围	供应商指南	制剂限值	检测技术或标准
118685-33-9	成分 1：$C_{39}H_{23}ClCrN_7O_{12}S_2Na$	纺织	不得有意使用	250mg/kg	LC
		皮革	不得有意使用	250mg/kg	
		聚合物(R,F,A)	不得有意使用	250mg/kg	
未分配	成分 2：$C_{46}H_{30}CrN_{10}O_{20}S_{23}Na$	纺织	不得有意使用	250mg/kg	LC
		皮革	不得有意使用	250mg/kg	
		聚合物(R,F,A)	不得有意使用	250mg/kg	

阻燃剂

在服装和鞋类纺织品加工过程中的潜在应用：添加阻燃剂的目的是使产品的阻燃性能满足法律法规的要求。不过下列阻燃剂以及卤化阻燃剂不得用于时尚、运动或户外服装以及服装和家用纺织品中。

CAS 编号	化学物质	适用范围	供应商指南	制剂限值	检测技术或标准
32536-52-0	八溴二苯醚(OctaBDE)	纺织	不得有意使用	250mg/kg	GC-MS 或 LC-MS
		皮革	不得有意使用	250mg/kg	
		聚合物(R,F,A)	不得有意使用	250mg/kg	
115-96-8	三(2-氯乙基)磷酸盐(TCEP)	纺织	不得有意使用	250mg/kg	GC-MS 或 LC-MS
		皮革	不得有意使用	250mg/kg	
		聚合物(R,F,A)	不得有意使用	250mg/kg	
126-72-7	三(2,3-二溴丙基)磷酸酯(TRIS)	纺织	不得有意使用	250mg/kg	GC-MS 或 LC-MS
		皮革	不得有意使用	250mg/kg	
		聚合物(R,F,A)	不得有意使用	250mg/kg	
5412-25-9	二(2,3-二溴丙基)磷酸酯(BIS)	纺织	不得有意使用	250mg/kg	GC-MS 或 LC-MS
		皮革	不得有意使用	250mg/kg	
		聚合物(R,F,A)	不得有意使用	250mg/kg	
1163-19-5	十溴二苯醚(DecaBDE)	纺织	不得有意使用	250mg/kg	GC-MS 或 LC-MS
		皮革	不得有意使用	250mg/kg	
		聚合物(R,F,A)	不得有意使用	250mg/kg	
32534-81-9	五溴二苯醚(PentaBDE)	纺织	不得有意使用	250mg/kg	GC-MS 或 LC-MS
		皮革	不得有意使用	250mg/kg	
		聚合物(R,F,A)	不得有意使用	250mg/kg	
545-55-1	三(1-吖丙啶基)氧化膦(TEPA)	纺织	不得有意使用	250mg/kg	GC-MS 或 LC-MS
		皮革	不得有意使用	250mg/kg	
		聚合物(R,F,A)	不得有意使用	250mg/kg	

续表

CAS 编号	化学物质	适用范围	供应商指南	制剂限值	检测技术或标准
79-94-7	四溴双酚 A（TBBPA）	纺织	不得有意使用	250mg/kg	GC-MS 或 LC-MS
		皮革	不得有意使用	250mg/kg	
		聚合物（R，F，A）	不得有意使用	250mg/kg	
13674-87-8	三（1，3-二氯异丙基）磷酸酯（TDCP）	纺织	不得有意使用	250mg/kg	GC-MS 或 LC-MS
		皮革	不得有意使用	250mg/kg	
		聚合物（R，F，A）	不得有意使用	250mg/kg	
59536-65-1	多溴联苯（PBB）	纺织	不得有意使用	250mg/kg	GC-MS 或 LC-MS
		皮革	不得有意使用	250mg/kg	
		聚合物（R，F，A）	不得有意使用	250mg/kg	
3296-90-0	2，2-二（溴甲基）-1，3-丙二醇（BBMP）	纺织	不得有意使用	250mg/kg	GC-MS 或 LC-MS
		皮革	不得有意使用	250mg/kg	
		聚合物（R，F，A）	不得有意使用	250mg/kg	
3194-55-6	六溴环十二烷（HBCDD）	纺织	不得有意使用	250mg/kg	GC-MS 或 LC-MS
		皮革	不得有意使用	250mg/kg	
		聚合物（R，F，A）	不得有意使用	250mg/kg	
10043-35-3，11113-50-1	硼酸	纺织	不得有意使用	250mg/kg	ICP
		皮革	不得有意使用	250mg/kg	
		聚合物（R，F，A）	不得有意使用	250mg/kg	
13654-09-6	十溴联苯（DecaBB）	纺织	不得有意使用	250mg/kg	GC-MS 或 LC-MS
		皮革	不得有意使用	250mg/kg	
		聚合物（R，F，A）	不得有意使用	250mg/kg	
1303-96-4，1330-43-4	四硼酸钠（十水），无水四硼酸钠	纺织	不得有意使用	250mg/kg	ICP
		皮革	不得有意使用	250mg/kg	
		聚合物（R，F，A）	不得有意使用	250mg/kg	
12008-41-2	氧化硼钠	纺织	不得有意使用	250mg/kg	ICP
		皮革	不得有意使用	250mg/kg	
		聚合物（R，F，A）	不得有意使用	250mg/kg	
21850-44-2	四溴双酚 A 双（2，3-二溴丙基）醚	纺织	不得有意使用	250mg/kg	GC-MS 或 LC-MS
		皮革	不得有意使用	250mg/kg	
		聚合物（R，F，A）	不得有意使用	250mg/kg	
1303-86-2	三氧化二硼	纺织	不得有意使用	250mg/kg	ICP
		皮革	不得有意使用	250mg/kg	
		聚合物（R，F，A）	不得有意使用	250mg/kg	

续表

CAS 编号	化学物质	适用范围	供应商指南	制剂限值	检测技术或标准
68928-80-3	七溴二苯醚(HeptaBDE)	纺织	不得有意使用	250mg/kg	GC-MS 或 LC-MS
		皮革	不得有意使用	250mg/kg	
		聚合物(R,F,A)	不得有意使用	250mg/kg	
多种	二溴联苯(DiBB)	纺织	不得有意使用	250mg/kg	GC-MS 或 LC-MS
		皮革	不得有意使用	250mg/kg	
		聚合物(R,F,A)	不得有意使用	250mg/kg	
多种	一溴二苯醚(MonoBDEs)	纺织	不得有意使用	250mg/kg	GC-MS 或 LC-MS
		皮革	不得有意使用	250mg/kg	
		聚合物(R,F,A)	不得有意使用	250mg/kg	
多种	单溴联苯(MonoBB)	纺织	不得有意使用	250mg/kg	GC-MS 或 LC-MS
		皮革	不得有意使用	250mg/kg	
		聚合物(R,F,A)	不得有意使用	250mg/kg	
36483-60-0	二溴二苯醚(HexaBDE)	纺织	不得有意使用	250mg/kg	GC-MS 或 LC-MS
		皮革	不得有意使用	250mg/kg	
		聚合物(R,F,A)	不得有意使用	250mg/kg	
多种	九溴联苯(NonaBB)	纺织	不得有意使用	250mg/kg	GC-MS 或 LC-MS
		皮革	不得有意使用	250mg/kg	
		聚合物(R,F,A)	不得有意使用	250mg/kg	
63936-56-1	九溴二苯醚(NonaBDE)	纺织	不得有意使用	250mg/kg	GC-MS 或 LC-MS
		皮革	不得有意使用	250mg/kg	
		聚合物(R,F,A)	不得有意使用	250mg/kg	
59536-65-1	聚溴联苯(多溴联苯)(PBB)	纺织	不得有意使用	250mg/kg	GC-MS 或 LC-MS
		皮革	不得有意使用	250mg/kg	
		聚合物(R,F,A)	不得有意使用	250mg/kg	
多种	八溴联苯(OctaBB)	纺织	不得有意使用	250mg/kg	GC-MS 或 LC-MS
		皮革	不得有意使用	250mg/kg	
		聚合物(R,F,A)	不得有意使用	250mg/kg	
12267-73-1	水合七氧化四硼酸二钠	纺织	不得有意使用	250mg/kg	ICP
		皮革	不得有意使用	250mg/kg	
		聚合物(R,F,A)	不得有意使用	250mg/kg	
40088-47-9	四溴二苯醚(TetraBDE)	纺织	不得有意使用	250mg/kg	GC-MS 或 LC-MS
		皮革	不得有意使用	250mg/kg	
		聚合物(R,F,A)	不得有意使用	250mg/kg	

续表

CAS 编号	化学物质	适用范围	供应商指南	制剂限值	检测技术或标准
多种	三溴二苯醚（TriBDEs）	纺织	不得有意使用	250mg/kg	GC-MS 或 LC-MS
		皮革	不得有意使用	250mg/kg	
		聚合物(R,F,A)	不得有意使用	250mg/kg	
13674-84-5	三(2-氯-1-甲基乙基)磷酸酯(TCPP)	纺织	不得有意使用	250mg/kg	GC-MS 或 LC-MS
		皮革	不得有意使用	250mg/kg	
		聚合物(R,F,A)	不得有意使用	250mg/kg	

乙二醇/乙二醇醚

在服装和鞋类纺织品加工过程中的潜在应用：乙二醇常作为整理剂/清洗剂、印花剂、溶剂和黏合剂用于服装和制鞋行业中。

CAS 编号	化学物质	适用范围	供应商指南	制剂限值	检测技术或标准
110-71-4	乙二醇二甲醚	纺织	不得有意使用	50mg/kg	LC-MS 或 GC-MS
		皮革	不得有意使用	50mg/kg	
		聚合物(R,F,A)	不得有意使用	50mg/kg	
110-49-6	乙二醇甲醚乙酸酯	纺织	不得有意使用	50mg/kg	LC-MS 或 GC-MS
		皮革	不得有意使用	50mg/kg	
		聚合物(R,F,A)	不得有意使用	50mg/kg	
110-80-5	乙二醇单乙醚	纺织	不得有意使用	50mg/kg	LC-MS 或 GC-MS
		皮革	不得有意使用	50mg/kg	
		聚合物(R,F,A)	不得有意使用	50mg/kg	
109-86-4	乙二醇甲醚	纺织	不得有意使用	50mg/kg	LC-MS 或 GC-MS
		皮革	不得有意使用	50mg/kg	
		聚合物(R,F,A)	不得有意使用	50mg/kg	
111-96-6	二甘醇二甲醚	纺织	不得有意使用	50mg/kg	LC-MS 或 GC-MS
		皮革	不得有意使用	50mg/kg	
		聚合物(R,F,A)	不得有意使用	50mg/kg	
111-15-9	乙二醇乙醚乙酸酯	纺织	不得有意使用	50mg/kg	LC-MS 或 GC-MS
		皮革	不得有意使用	50mg/kg	
		聚合物(R,F,A)	不得有意使用	50mg/kg	
70657-70-4	2-甲氧基-1-丙醇乙酸酯	纺织	不得有意使用	50mg/kg	LC-MS 或 GC-MS
		皮革	不得有意使用	1000mg/kg	
		聚合物(R,F,A)	不适用	—	
112-49-2	三甘醇二甲醚	纺织	不得有意使用	50mg/kg	LC-MS 或 GC-MS
		皮革	不得有意使用	50mg/kg	
		聚合物(R,F,A)	不得有意使用	50mg/kg	

续表

卤化溶剂					
在服装和鞋类纺织品加工过程中的潜在应用：卤化物常作为整理剂/清洗剂、印花剂、溶剂和黏合剂应用于服装和制鞋行业中。					
CAS 编号	化学物质	适用范围	供应商指南	制剂限值	检测技术或标准
75-09-2	二氯甲烷	纺织	不得有意使用	5mg/kg	GC-MS
		皮革	不得有意使用	5mg/kg	
		聚合物(R,F,A)	不得有意使用	5mg/kg	
107-06-2	1,2-二氯乙烷	纺织	不得有意使用	5mg/kg	GC-MS
		皮革	不得有意使用	5mg/kg	
		聚合物(R,F,A)	不得有意使用	5mg/kg	
79-01-6	三氯乙烯	纺织	不得有意使用	40mg/kg	GC-MS
		皮革	不得有意使用	40mg/kg	
		聚合物(R,F,A)	不得有意使用	40mg/kg	
127-18-4	四氯乙烯	纺织	不得有意使用	5mg/kg	GC-MS
		皮革	不得有意使用	5mg/kg	
		聚合物(R,F,A)	不得有意使用	5mg/kg	
100-44-7	氯化苄	纺织	不得有意使用	5mg/kg 染料 100mg/kg	GC-MS
		皮革	不得有意使用	5mg/kg 染料 100mg/kg	
		聚合物(R,F,A)	不得有意使用	5mg/kg 染料 100mg/kg	

有机锡化合物					
在服装和鞋类纺织品加工过程中的潜在应用：有机锡是一类由锡与有机物（如丁基和苯基）相结合得到的化学品，主要用作船用漆的防污剂，但是也可用作杀菌剂（如抗菌剂）、塑料和胶水生产中的催化剂和塑料/橡胶中的热稳定剂。在纺织和服装业中，有机锡主要与塑料/橡胶、油墨、油漆、金属亮片、聚氨酯制品和传热材料协同使用。					
CAS 编号	化学物质	适用范围	供应商指南	制剂限值	检测技术或标准
多种	二丁基锡（DBT）	纺织	不得有意使用	20mg/kg	溶剂萃取，GC-MS，ISO TS 16179，ISO 22744-1
		皮革	不得有意使用	20mg/kg（以聚氨酯为原料且用量小于 20%的增稠剂适用 100mg/kg 的限值）	
		聚合物(R,F,A)	不得有意使用	20mg/kg	

续表

CAS 编号	化学物质	适用范围	供应商指南	制剂限值	检测技术或标准
多种	单、双和三甲基锡的衍生物	纺织	不得有意使用	5mg/kg	溶剂萃取，GC-MS，ISO TS 16179
		皮革	不得有意使用	5mg/kg	
		聚合物(R,F,A)	不得有意使用	5mg/kg	
多种	单、双和三辛基锡的衍生物	纺织	不得有意使用	5mg/kg	溶剂萃取，GC-MS，ISO TS 16179
		皮革	不得有意使用	5mg/kg	
		聚合物(R,F,A)	不得有意使用	5mg/kg	
多种	单、双和三苯基锡的衍生物	纺织	不得有意使用	5mg/kg	溶剂萃取，GC-MS，ISO TS 16179
		皮革	不得有意使用	5mg/kg	
		聚合物(R,F,A)	不得有意使用	5mg/kg	
多种	单和三丁基锡的衍生物	纺织	不得有意使用	5mg/kg	溶剂萃取，GC-MS，ISO TS 16179
		皮革	不得有意使用	5mg/kg	
		聚合物(R,F,A)	不得有意使用	5mg/kg	
多种	二丙基锡化合物(DPT)	纺织	不得有意使用	5mg/kg	溶剂萃取，GC-MS，ISO TS 16179
		皮革	不得有意使用	5mg/kg	
		聚合物(R,F,A)	不得有意使用	5mg/kg	
多种	四乙基锡化合物(TeET)	纺织	不得有意使用	1mg/kg	溶剂萃取，GC-MS，ISO TS 16179
		皮革	不得有意使用	1mg/kg	
		聚合物(R,F,A)	不得有意使用	1mg/kg	
多种	三丙基锡化合物(TPT)	纺织	不得有意使用	1mg/kg	溶剂萃取，GC-MS，ISO TS 16179
		皮革	不得有意使用	1mg/kg	
		聚合物(R,F,A)	不得有意使用	1mg/kg	
多种	四丁基锡化合物(TeBT)	纺织	不得有意使用	1mg/kg	溶剂萃取，GC-MS，ISO TS 16179
		皮革	不得有意使用	1mg/kg	
		聚合物(R,F,A)	不得有意使用	1mg/kg	
多种	四辛基锡化合物(TeOT)	纺织	不得有意使用	1mg/kg	溶剂萃取，GC-MS，ISO TS 16179
		皮革	不得有意使用	1mg/kg	
		聚合物(R,F,A)	不得有意使用	1mg/kg	
多种	三环己基锡(TCyHT)	纺织	不得有意使用	1mg/kg	溶剂萃取，GC-MS，ISO TS 16179
		皮革	不得有意使用	1mg/kg	
		聚合物(R,F,A)	不得有意使用	1mg/kg	
其他/杂类化学物质					
这些其他化学品/物质/工艺禁止使用。					

续表

CAS 编号	化学物质	适用范围	供应商指南	制剂限值	检测技术或标准
12767-90-7	硼酸锌盐	纺织	不得有意使用	1000mg/kg	酸消解,ICP
		皮革	不得有意使用	1000mg/kg	
		聚合物(R,F,A)	不得有意使用	1000mg/kg	
硼酸锌盐可以用作阻燃剂,也可以用于油漆、颜料和胶黏剂中。					
80-05-7	双酚 A	纺织	不得有意使用	100mg/kg	溶剂萃取,LC-MS/MS,GC-MS
		皮革	不得有意使用	100mg/kg	
		聚合物(R,F,A)	没有限制	—	
双酚 A(BPA)主要作为原料与其他化学品一起用于制造硬质塑料和树脂。					
62-56-6	硫脲	纺织	不得有意使用	1000mg/kg	溶剂萃取,LC-MS/MS,LC-DAD,MS
		皮革	不得有意使用	1000mg/kg	
		聚合物(R,F,A)	不得有意使用	1000mg/kg	
硫脲主要用作助溶剂和交联剂。					
91-22-5	喹啉	纺织	不得有意使用	1000mg/kg	DIN 54231,LC-MS
		皮革	不得有意使用	1000mg/kg	
		聚合物(R,F,A)	不得有意使用	1000mg/kg	
为了使染料更好地分散,往往需要添加分散剂,而喹啉则作为污染物存在于分散剂中。					
14464-46-1	二氧化硅(可吸入大小的颗粒)	纺织	不得有意使用	禁止使用喷砂	流程严格,无可用的检测方法
		皮革	不得有意使用	禁止使用喷砂	
		聚合物(R,F,A)	不得有意使用	禁止使用喷砂	
喷砂过程中通常会产生可吸入二氧化硅颗粒。					
111-41-1	羟乙基乙二胺(AEEA)	纺织	不得有意使用	100mg/kg	溶剂萃取,LC-MS/MS
		皮革	不得有意使用	100mg/kg	
		聚合物(R,F,A)	不得有意使用	100mg/kg	
AEEA 主要用作螯合剂、表面活性剂和织物软化剂。					
全氟化和多氟化学品(PFCs)					
禁止有意使用长链 PFCs 对纺织品和皮革制品进行防水、防油和防污处理。目前制备 PFCs 主要有电化学氟化和调节聚合反应两种方法。电化学氟化法在制备过程中会产生全氟烷基磺酸盐,最常见的是含有 8 个碳原子的全氟辛烷磺酸盐(PFOS),因此不允许有意通过电化学氟化法来制备含 6 个碳原子及以上的长链 PFCs。如果产品中被检测出含有 6 个碳原子或以上的 PFOS,则会被禁止流入市场。调节聚合反应在制备过程中所产生的副产物为全氟羧酸,最常见的是含有 8 个碳原子的全氟辛酸(PFOA),故也不允许有意使用此法来制备含 8 个碳原子以上的 PFCs。ZDHC 计划在未来对 PFCs 的使用进行更严格的限制。					
在服装和鞋类纺织品加工过程中的潜在应用:PFOA 和 PFOS 可能会作为副产物存在于商品化长链防水、防污和防油的 PFCs 中。不过 PFOA 也可用于聚合物如聚四氟乙烯(PTFE)的生产中。					

续表

CAS 编号	化学物质	适用范围	供应商指南	制剂限值	检测技术或标准
多种	全氟辛烷磺酸(PFOS)和相关物质	纺织	不得有意使用	总计=2mg/kg	LC-MS 或 GC-MS
		皮革	不得有意使用	总计=2mg/kg	
		聚合物(R,F,A)	不得有意使用	总计=2mg/kg	
多种	全氟辛酸(PFOA)及相关物质	纺织	不得有意使用	PFOA=25μg/kg PFOA 相关物质=1000μg/kg	LC-MS 或 GC-MS
		皮革	不得有意使用	PFOA=25μg/kg PFOA 相关物质=1000μg/kg	
		聚合物(R,F,A)	不得有意使用	PFOA=25μg/kg PFOA 相关物质=1000μg/kg	

邻苯二甲酸酯包括邻苯二甲酸的其他酯类

在服装和鞋类纺织品加工过程中的潜在应用:邻苯二甲酸酯可作为助剂来增加塑料的弹性,也可作为增塑剂来降低塑料的溶解温度,广泛应用于软塑料组件(如 PVC)、印花色浆、黏合剂、塑料纽扣、塑料套管和聚合物涂料中。

CAS 号	化学物质	适用范围	供应商指南	制剂限值	检测技术或标准
117-84-0	邻苯二甲酸二正辛酯(DNOP)	纺织	不得有意使用	物质总计=250mg/kg	GC-MS, ISO 14389
		皮革	不得有意使用	物质总计=250mg/kg	
		聚合物(R,F,A)	不得有意使用	物质总计=250mg/kg	
117-82-8	邻苯二甲酸二(2 甲氧乙基)酯(DMEP)	纺织	不得有意使用	物质总计=250mg/kg	GC-MS, ISO 14389
		皮革	不得有意使用	物质总计=250mg/kg	
		聚合物(R,F,A)	不得有意使用	物质总计=250mg/kg	
26761-40-0	邻苯二甲酸二异癸酯(DIDP)	纺织	不得有意使用	物质总计=250mg/kg	GC-MS, ISO 14389
		皮革	不得有意使用	物质总计=250mg/kg	
		聚合物(R,F,A)	不得有意使用	物质总计=250mg/kg	

续表

CAS 编号	化学物质	适用范围	供应商指南	制剂限值	检测技术或标准
117-81-7	邻苯二甲酸二(2-乙基己基)酯(DEHP)	纺织	不得有意使用	物质总计=250mg/kg	GC-MS,ISO 14389
		皮革	不得有意使用	物质总计=250mg/kg	
		聚合物(R,F,A)	不得有意使用	物质总计=250mg/kg	
28553-12-0	邻苯二甲酸二异壬酯(DINP)	纺织	不得有意使用	物质总计=250mg/kg	GC-MS,ISO 14389
		皮革	不得有意使用	物质总计=250mg/kg	
		聚合物(R,F,A)	不得有意使用	物质总计=250mg/kg	
84-75-3	邻苯二甲酸二己酯(DnHP)	纺织	不得有意使用	物质总计=250mg/kg	GC-MS,ISO 14389
		皮革	不得有意使用	物质总计=250mg/kg	
		聚合物(R,F,A)	不得有意使用	物质总计=250mg/kg	
85-68-7	邻苯二甲酸丁苄酯(BBP)	纺织	不得有意使用	物质总计=250mg/kg	GC-MS,ISO 14389
		皮革	不得有意使用	物质总计=250mg/kg	
		聚合物(R,F,A)	不得有意使用	物质总计=250mg/kg	
84-74-2	邻苯二甲酸二丁酯(DBP)	纺织	不得有意使用	物质总计=250mg/kg	GC-MS,ISO 14389
		皮革	不得有意使用	物质总计=250mg/kg	
		聚合物(R,F,A)	不得有意使用	物质总计=250mg/kg	
84-76-4	邻苯二甲酸二壬酯(DNP)	纺织	不得有意使用	物质总计=250mg/kg	GC-MS,ISO 14389
		皮革	不得有意使用	物质总计=250mg/kg	
		聚合物(R,F,A)	不得有意使用	物质总计=250mg/kg	

续表

CAS 编号	化学物质	适用范围	供应商指南	制剂限值	检测技术或标准
84-66-2	邻苯二甲酸二乙酯（DEP）	纺织	不得有意使用	物质总计 =250mg/kg	GC-MS，ISO 14389
		皮革	不得有意使用	物质总计 =250mg/kg	
		聚合物(R,F,A)	不得有意使用	物质总计 =250mg/kg	
131-16-8	邻苯二甲酸二丙酯（DPRP）	纺织	不得有意使用	物质总计 =250mg/kg	GC-MS，ISO 14389
		皮革	不得有意使用	物质总计 =250mg/kg	
		聚合物(R,F,A)	不得有意使用	物质总计 =250mg/kg	
84-61-7	邻苯二甲酸二环已酯（DCHP）	纺织	不得有意使用	物质总计 =250mg/kg	GC-MS，ISO 14389
		皮革	不得有意使用	物质总计 =250mg/kg	
		聚合物(R,F,A)	不得有意使用	物质总计 =250mg/kg	
84-69-5	邻苯二甲酸二异丁酯（DIBP）	纺织	不得有意使用	物质总计 =250mg/kg	GC-MS，ISO 14389
		皮革	不得有意使用	物质总计 =250mg/kg	
		聚合物(R,F,A)	不得有意使用	物质总计 =250mg/kg	
27554-26-3	邻苯二甲酸二异辛酯（DIOP）	纺织	不得有意使用	物质总计 =250mg/kg	GC-MS，ISO 14389
		皮革	不得有意使用	物质总计 =250mg/kg	
		聚合物(R,F,A)	不得有意使用	物质总计 =250mg/kg	
68515-42-4/68515-50-4	邻苯二甲酸二（C_{7-11} 支链与直链）烷基酯（DHNUP）	纺织	不得有意使用	物质总计 =250mg/kg	GC-MS，ISO 14389
		皮革	不得有意使用	物质总计 =250mg/kg	
		聚合物(R,F,A)	不得有意使用	物质总计 =250mg/kg	

续表

CAS 编号	化学物质	适用范围	供应商指南	制剂限值	检测技术或标准
71888-89-6/84777-06-0	邻苯二甲酸二(C_{6-8} 支链与直链)烷基酯(富 C_7)(DIHP)	纺织	不得有意使用	物质总计=250mg/kg	GC-MS,ISO 14389
		皮革	不得有意使用	物质总计=250mg/kg	
		聚合物(R,F,A)	不得有意使用	物质总计=250mg/kg	
605-50-5	邻苯二甲酸二异戊酯	纺织	不得有意使用	物质总计=250mg/kg	GC-MS,ISO 14389
		皮革	不得有意使用	物质总计=250mg/kg	
		聚合物(R,F,A)	不得有意使用	物质总计=250mg/kg	
131-18-0	邻苯二甲酸二戊酯	纺织	不得有意使用	物质总计=250mg/kg	GC-MS,ISO 14389
		皮革	不得有意使用	物质总计=250mg/kg	
		聚合物(R,F,A)	不得有意使用	物质总计=250mg/kg	

多环芳烃(PAHs)

在服装和鞋类纺织品加工过程中的潜在应用:含 PAHs 的油被作为软化剂或填充剂添加到橡胶和塑料中,用作橡胶、塑料、清漆和涂料软化剂或填充剂的油在生产过程中会产生 PAHs,这些 PAHs 作为杂质最终随油一起进入到上述产品中。在鞋类生产行业中,PAHs 常见于鞋类外底及丝印的印花浆料中,还可作为杂质存在于炭黑染料中。

CAS 号	化学物质	适用范围	供应商指南	制剂限值	检测技术或标准
50-32-8	苯并[a]芘(BaP)	纺织	不得有意使用	20mm	GC-MS,AfPS GS 2019
		皮革	不得有意使用	20mm	
		聚合物(R,F,A)	不得有意使用	20mm	
129-00-0	芘	纺织	不得有意使用	物质总计=200mg/kg	GC-MS,AfPS GS 2019
		皮革	不得有意使用	物质总计=200mg/kg	
		聚合物(R,F,A)	没有限制	—	
191-24-2	苯并[g,h,i]芘	纺织	不得有意使用	物质总计=200mg/kg	GC-MS,AfPS GS 2019
		皮革	不得有意使用	物质总计=200mg/kg	
		聚合物(R,F,A)	没有限制	—	

续表

CAS 编号	化学物质	适用范围	供应商指南	制剂限值	检测技术或标准
205-82-3	苯并[j]荧蒽	纺织	不得有意使用	物质总计=200mg/kg	GC-MS，AfPS GS 2019
		皮革	不得有意使用	物质总计=200mg/kg	
		聚合物(R,F,A)	没有限制	—	
120-12-7	蒽	纺织	不得有意使用	物质总计=200mg/kg	GC-MS，AfPS GS 2019
		皮革	不得有意使用	物质总计=200mg/kg	
		聚合物(R,F,A)	没有限制	—	
193-39-5	茚并[1,2,3-cd]芘	纺织	不得有意使用	物质总计=200mg/kg	GC-MS，AfPS GS 2019
		皮革	不得有意使用	物质总计=200mg/kg	
		聚合物(R,F,A)	没有限制	—	
192-97-2	苯并[e]芘	纺织	不得有意使用	物质总计=200mg/kg	GC-MS，AfPS GS 2019
		皮革	不得有意使用	物质总计=200mg/kg	
		聚合物(R,F,A)	没有限制	—	
205-99-2	苯并[b]荧蒽	纺织	不得有意使用	物质总计=200mg/kg	GC-MS，AfPS GS 2019
		皮革	不得有意使用	物质总计=200mg/kg	
		聚合物(R,F,A)	没有限制	—	
207-08-9	苯并[k]荧蒽	纺织	不得有意使用	物质总计=200mg/kg	GC-MS，AfPS GS 2019
		皮革	不得有意使用	物质总计=200mg/kg	
		聚合物(R,F,A)	没有限制	—	
206-44-0	荧蒽	纺织	不得有意使用	物质总计=200mg/kg	GC-MS，AfPS GS 2019
		皮革	不得有意使用	物质总计=200mg/kg	
		聚合物(R,F,A)	没有限制	—	

续表

CAS 编号	化学物质	适用范围	供应商指南	制剂限值	检测技术或标准
208-96-8	苊烯	纺织	不得有意使用	物质总计 =200mg/kg	GC-MS, AfPS GS 2019
		皮革	不得有意使用	物质总计 =200mg/kg	
		聚合物(R,F,A)	没有限制	—	
53-70-3	二苯并[a,h]蒽	纺织	不得有意使用	物质总计 =200mg/kg	GC-MS, AfPS GS 2019
		皮革	不得有意使用	物质总计 =200mg/kg	
		聚合物(R,F,A)	没有限制	—	
218-01-9	䓛	纺织	不得有意使用	物质总计 =200mg/kg	GC-MS, AfPS GS 2019
		皮革	不得有意使用	物质总计 =200mg/kg	
		聚合物(R,F,A)	没有限制	—	
85-01-8	菲	纺织	不得有意使用	物质总计 =200mg/kg	GC-MS, AfPS GS 2019
		皮革	不得有意使用	物质总计 =200mg/kg	
		聚合物(R,F,A)	没有限制	—	
83-32-9	苊	纺织	不得有意使用	物质总计 =200mg/kg	GC-MS, AfPS GS 2019
		皮革	不得有意使用	物质总计 =200mg/kg	
		聚合物(R,F,A)	没有限制	—	
86-73-7	芴	纺织	不得有意使用	物质总计 =200mg/kg	GC-MS, AfPS GS 2019
		皮革	不得有意使用	物质总计 =200mg/kg	
		聚合物(R,F,A)	没有限制	—	
91-20-3	萘	纺织	不得有意使用	物质总计 =200mg/kg	GC-MS, AfPS GS 2019
		皮革	不得有意使用	物质总计 =300mg/kg	
		聚合物(R,F,A)	没有限制	—	

续表

CAS 编号	化学物质	适用范围	供应商指南	制剂限值	检测技术或标准
56-55-3	苯并[a]蒽	纺织	不得有意使用	物质总计=200mg/kg	GC-MS,AfPS GS 2019
		皮革	不得有意使用	物质总计=200mg/kg	
		聚合物(R,F,A)	没有限制	—	
重金属总量					

除非另行说明,否则禁止在纺织品加工或整理过程中有意使用下列金属。然而,重金属总量限值不适用于含有所列金属作为固有组成部分的产品[例如,金属络合物着色剂,某些阳离子着色剂的复盐或增量剂(如硫酸钡)]。在这些情况下,必须考虑相应金属的可萃取成分。或者,将所有成分的信息传达给客户,客户将确定他们的最终产品是否符合相应的 RSL 要求。

在服装和鞋类纺织品加工过程中的潜在应用:尽管通常与皮革鞣制有关,但 Cr^{6+} 也可用于羊毛染色(铬处理之后)。

CAS 编号	化学物质	适用范围	供应商指南	制剂限值	检测技术或标准
7440-38-2	砷(As)	纺织	不得有意使用	50mg/kg	酸消解,电感耦合等离子体发射光谱法(ICP-OES)、原子吸收光谱法(AAS)
		皮革	不得有意使用	50mg/kg	
		聚合物(R,F,A)	不得有意使用	50mg/kg	
7440-43-9	镉(Cd)	纺织	不得有意使用	20mg/kg(50mg/kg 针对颜料)	酸消解,ICP-OES 或 AAS
		皮革	不得有意使用	20mg/kg(50mg/kg 针对颜料)	
		聚合物(R,F,A)	不得有意使用	20mg/kg(50mg/kg 针对颜料)	
7439-97-6	汞(Hg)	纺织	不得有意使用	4mg/kg(25mg/kg 针对颜料)	酸消解,ICP-OES 或 AAS
		皮革	不得有意使用	4mg/kg(25mg/kg 针对颜料)	
		聚合物(R,F,A)	不得有意使用	4mg/kg(25mg/kg 针对颜料)	

续表

CAS 编号	化学物质	适用范围	供应商指南	制剂限值	检测技术或标准
7439-92-1	铅(Pb)	纺织	不得有意使用	100mg/kg	酸消解，ICP-OES 或 AAS
		皮革	不得有意使用	100mg/kg	
		聚合物(R,F,A)	不得有意使用	100mg/kg	
18540-29-9	六价铬(Cr^{6+})	纺织	不得有意使用	10mg/kg	酸消解，ICP-OES 或 AAS
		皮革	不得有意使用	10mg/kg	
		聚合物(R,F,A)	不得有意使用	10mg/kg	
7440-36-0	锑(Sb)	纺织	不得有意使用	染料 50/颜料 250mg/kg	酸消解，ICP-OES 或 AAS
		皮革	不得有意使用	染料 50/颜料 250mg/kg	
		聚合物(R,F,A)	不得有意使用	染料 50/颜料 250mg/kg	
7440-47-3	铬(Cr)	纺织	不得有意使用	染料和颜料 100mg/kg	酸消解，ICP-OES 或 AAS
		皮革	不得有意使用	染料和颜料 100mg/kg	
		聚合物(R,F,A)	不得有意使用	染料和颜料 100mg/kg	
7440-39-3	钡(Ba)	纺织	不得有意使用	染料和颜料 100mg/kg	酸消解，ICP-OES 或 AAS
		皮革	不得有意使用	染料和颜料 100mg/kg	
		聚合物(R,F,A)	不得有意使用	染料和颜料 100mg/kg	
7782-49-2	硒(Se)	纺织	不得有意使用	染料 20/颜料 100mg/kg	酸消解，ICP-OES 或 AAS
		皮革	不得有意使用	染料 20/颜料 100mg/kg	
		聚合物(R,F,A)	不得有意使用	染料 20/颜料 100mg/kg	
7440-31-5	锡(Sn)	纺织	不得有意使用	染料 250mg/kg	酸消解，ICP-OES 或 AAS
		皮革	不得有意使用	染料 250mg/kg	
		聚合物(R,F,A)	不得有意使用	染料 250mg/kg	
7440-02-0	镍(Ni)	纺织	不得有意使用	染料 250mg/kg	酸消解，ICP-OES 或 AAS
		皮革	不得有意使用	染料 250mg/kg	
		聚合物(R,F,A)	不得有意使用	染料 250mg/kg	

续表

CAS 编号	化学物质	适用范围	供应商指南	制剂限值	检测技术或标准
7440-50-8	铜(Cu)	纺织	不得有意使用	染料 250mg/kg	酸消解，ICP-OES 或 AAS
		皮革	不得有意使用	染料 250mg/kg	
		聚合物(R,F,A)	不得有意使用	染料 250mg/kg	
7440-48-4	钴(Co)	纺织	不得有意使用	染料 500mg/kg	酸消解，ICP-OES 或 AAS
		皮革	不得有意使用	染料 500mg/kg	
		聚合物(R,F,A)	不得有意使用	染料 500mg/kg	
7440-22-4	银(Ag)	纺织	不得有意使用	染料 100mg/kg	酸消解，ICP-OES 或 AAS
		皮革	不得有意使用	染料 100mg/kg	
		聚合物(R,F,A)	不得有意使用	染料 100mg/kg	

紫外线(UV)吸收剂

在服装和鞋类纺织品加工过程中的潜在应用:UV 吸收剂主要作为功能性助剂添加到纺织品或皮革制品中以提高它们的防紫外辐射性能。

CAS 编号	化学物质	适用范围	供应商指南	制剂限值	检测技术或标准
36437-37-3	2-(2H-苯并三唑-2-基)-4-(叔丁基)-6-(仲丁基)苯酚(UV-350)	纺织	不得有意使用	1000mg/kg	溶剂萃取，LC-MS/MS、GC-MS
		皮革	不得有意使用	1000mg/kg	
		聚合物(R,F,A)	不得有意使用	1000mg/kg	
3846-71-7	2-苯并三唑-2-基-4,6-二叔丁基苯基(UV-320)	纺织	不得有意使用	1000mg/kg	溶剂萃取，LC-MS/MS、GC-MS
		皮革	不得有意使用	1000mg/kg	
		聚合物(R,F,A)	不得有意使用	1000mg/kg	
3864-99-1	2,4-二叔丁基-6-(5-氯苯并三唑-2-基)苯酚(UV-327)	纺织	不得有意使用	1000mg/kg	溶剂萃取，LC-MS/MS、GC-MS
		皮革	不得有意使用	1000mg/kg	
		聚合物(R,F,A)	不得有意使用	1000mg/kg	
25973 55 1	2-(2H-苯并三唑-2-基)-4,6-二叔戊基苯酚(UV-328)	纺织	不得有意使用	1000mg/kg	溶剂萃取，LC-MS/MS、GC-MS
		皮革	不得有意使用	1000mg/kg	
		聚合物(R,F,A)	不得有意使用	1000mg/kg	

挥发性有机化合物(VOCs)

在服装和鞋类纺织品加工过程中的潜在应用:在服装和鞋革的加工过程中，VOCs 常常与涂层、胶水和胶黏剂协同使用。

CAS 编号	化学物质	适用范围	供应商指南	制剂限值	检测技术或标准
71-43-2	苯	纺织	不得有意使用	50mg/kg	GC-MS
		皮革	不得有意使用	50mg/kg	
		聚合物(R,F,A)	不得有意使用	50mg/kg	

续表

CAS 编号	化学物质	适用范围	供应商指南	制剂限值	检测技术或标准
95-48-7 106-44-5 108-39-4	甲酚(所有同分异构体) 邻甲苯酚 对甲苯酚 间甲苯酚	纺织	不得有意使用	500mg/kg	GC-MS
		皮革	不得有意使用	500mg/kg	
		聚合物(R,F,A)	不得有意使用	500mg/kg	
127-19-5	*N*,*N*-二甲基乙酰胺	纺织	不得有意使用/排放和处理措施到位(溶剂型聚氨酯)	1000mg/kg	GC-MS
		皮革	不得有意使用/排放和处理措施到位(溶剂型聚氨酯)	1000mg/kg	
		聚合物(R,F,A)	不得有意使用/排放和处理措施到位(溶剂型聚氨酯)	1000mg/kg	
68-12-2	*N*,*N*-二甲基甲酰胺	纺织	不得有意使用/排放和处理措施到位(溶剂型聚氨酯)	1000mg/kg	GC-MS
		皮革	不得有意使用/排放和处理措施到位(溶剂型聚氨酯)	1000mg/kg	
		聚合物(R,F,A)	不得有意使用/排放和处理措施到位(溶剂型聚氨酯)	1000mg/kg	

注:基于 ZDHC 公开的中文版本编辑。

第六章

皮革生态性评价方法

6.1 引言

随着社会的不断发展，人类的生活理念不断变化，对产品的生态环保性越来越重视，生态产品也已成为国际贸易的主流导向之一。生态产品的设计过程是以环境资源为基础观念的设计过程，环境因素将在确定设计的决策方向上起到重要作用。产品生态设计需要在产品开发的每一个基础环节都考虑对环境和生态的影响，产品从开发到最终变为废物的整个生命周期都要尽可能减少对环境的影响，最终引导并产生一个更可持续发展的生产和消费系统体系。

生态产品设计应包含以下几个特征：对人和生态系统的危害最小化；产品的材料含量最小化；产品的回收率最高；零部件的再制造利用率最高；材料能进行的逐级循环率高，用户或消费者能接受并能够实现交换。因此将生态产品定义为在产品全生命周期中，满足生态特征中的一个或几个特征及市场需要的产品。总体来讲，生态特征包括对人和生态环境危害小、资源和材料利用率高、回收和再利用率高。考虑到产品生命周期的每个阶段对环境和人类健康的影响，尤其是在产品废弃之后的影响，广义上的生态产品应该包含产品的全生命周期。

当前在世界范围内比较知名的与皮革产品相关或者相近的生态产品标准，如国际环保纺织协会 OEKO-TEX Standard 100《生态纺织品通用及特殊技术要求》（2015 版）、欧盟生态标签 Eco-label（鞋类和纺织品）等均未采用全生命周期评价的方法，这主要是由于一方面全生命周期评价必然会增加产品的生产成本，导致产品缺乏竞争力，难以推广；另一方面在当前的发展阶段，尚无有效的技术手段对全生命周期进行监管，难以实际操作。因此这些标准都将重点放在限制有害化学品的使用中，这样可以提醒相关产商有选择地使用化学品，减少化学品对人类和环境带来的危害。

我国现在的皮革标准体系中对化学品使用的管理控制仍然依赖强制性国家标准，从国家皮革制品质量监督检验中心及成都海关技术中心（原四川出入境检验检疫局检验检疫技术中心）的日常检测可以发现，内销皮革制品化学品检测中国家强制要求的甲醛、偶氮染料的检测量可达总检测量的 80%以上，达标率超过 90%。然而我国的强制性国家标准制订于 2006 年，出于行业发展的需要以及当时我国实际的制革工业生产水平，限制的化学品仅包含甲醛和偶氮染料，这远远低于国际上对皮革产品的要求，在当前阶段，该标准已经无法有效地引导皮革化学品生产企业和制革企业改进生产技术，控制有害化学品的使用。因此若能提出我国自己的生态皮革标准体系，将会使我国皮革标准体系更加完善，能够形成清晰的层次，以强制性国家标准来限定大多数企业的最低要求，以生态皮革标准引导企业完成技术上的升级，使企业能够逐步接近、达到国际先进水平。

6.2 标准体系的确定

通常，在制订标准时应保证标准的适用性，保持标准的先进性，并注意标准的统一性。在国内外相近行业（如纺织）生态标准发展相对成熟的现状下，结合皮革实际使用化工材料状况及我国实际生产水平，参考国内外相关行业的先进标准对于保证标准的先进性、适用性和统一性至关重要。具有较高参考价值的国内外主要标准和法规见表 6-1，在此基础上对相关指标进行归纳，形成了皮革生态性评价指标体系（第 1 版），见表 6-2。

表 6-1　　国内外主要生态产品标准及限量法规

序号	法规、标准	发布机构
1	欧盟 REACH 法规	欧盟委员会
2	欧共体生态标签 Eco-Label	欧盟委员会
3	OEKO-TEX Standard 100—2014 生态纺织品	国际环保纺织协会
4	AAFA 受限物质清单(RSL)	美国服装与鞋类协会
5	GB 20400—2006《皮革和毛皮　有害物质限量》	中华人民共和国国家质量监督检验检疫总局、中国国家标准化管理委员会
6	GB 18401—2010《国家纺织产品基本安全技术规范》	
7	GB/T 18885—2020《生态纺织品技术要求》	
8	GB/T 29292—2012《鞋类　鞋类和鞋类部件中存在的限量物质》	
9	HJ 507—2009《环境标志产品技术要求　皮革和合成革》	环境保护部

表 6-2　　　　皮革生态性评价指标体系（第 1 版）

项目		生态皮革标准体系（拟制定）产品中有害物质限量			备注
		A 类	B 类	C 类	
游离甲醛/(mg/kg)		≤20	≤75	≤150	参照 GB 20400—2006
pH		3.5~7.5		3.5~9.0	参照 HJ/T 507—2009
pH 稀释差		≤0.7			
染料/(mg/kg)					
可分解有害芳香胺染料		≤30			参照 GB 20400—2006
致癌染料		不得检出			参照 HJ/T 507—2009
致敏染料		不得检出			参照 HJ/T 507—2009
含氯酚/(mg/kg)					
五氯苯酚(PCP)		≤0.05	≤0.5		参照 HJ/T 507—2009
四氯苯酚(TeCP)		≤0.05	≤0.5		
可萃取重金属/(mg/kg)					
六价铬(Cr^{6+})		≤5.0			参照 HJ/T 507—2009
镉(Cd)		≤0.1			
汞(Hg)		≤0.02			
锑(Sb)		≤30.0			
铅(Pb)		≤0.2	≤0.8		
砷(As)		≤0.2	≤1.0		
镍(Ni)		≤1.0	≤4.0		
钴(Co)		≤1.0	≤4.0		
铜(Cu)		≤25.0	≤50.0		
气味/级		≤3			参照 HJ/T 507—2009
残留溶剂					
二甲基甲酰胺(DMF)/%		≤0.1			OEKO-TEX Standard 100
N-甲基吡咯烷酮(NMP)/%		≤0.1			OEKO-TEX Standard 100
其他化学品					
邻苯基苯酚(OPP)/(mg/kg)		≤0.5	≤1.0		参照 HJ/T 507—2009
烷基酚聚氧乙烯醚(APEO)/(mg/kg)		不得检出 ≤100			参照 HJ/T 507—2009 欧盟 2003/53/EC
全氟化合物	全氟辛烷磺酸(PFOS)/(mg/kg)	≤50(原料和制剂) ≤1μg/m(纺织品及其他涂层材料) ≤1000(半成品)			欧盟 2006/122/EC

续表

项目		生态皮革标准体系(拟制定) 产品中有害物质限量			备注
		A类	B类	C类	
全氟化合物	全氟辛烷磺酸(PFOS)/(mg/kg)	≤50(原料和制剂) ≤1μg/m(纺织品及其他涂层材料) ≤1000(半成品)			欧盟 2006/122/EC
富马酸二甲酯(DMFu)/(mg/kg)		≤0.1			欧盟 EU 412/2012 指令
短链氯化石蜡(SCCP)/%		≤0.1			欧盟 EU 412/2012 指令

表6-2囊括了目前已被证明对人类或健康存在风险的、可能存在于皮革之中的所有化学品。然而，在指标征求意见时，各方均反映在皮革行业实际生产过程中，表6-2所列的很多化学品，并不是行业有意使用且可以避免的，在当前我国皮革行业化学品管理水平和意愿普遍较低的情况下，设定过多的指标会造成企业参与成本过高，不利于方法的推广，也不太符合我国普遍的管理状况。因此，在征求、权衡各方意见之后，对方法的指标进行了适度的删减，形成了皮革生态性评价指标体系（第2版），见表6-3。

表6-3　　　　皮革生态性评价指标体系（第2版）

项目/(单位)	产品中有害物质限量			备注
	A类	B类	C类	
游离甲醛/(mg/kg)	≤20	≤75	≤300	参照 GB 20400—2006，取消白羊剪绒要求。
可分解有害芳香胺染料/(mg/kg)	≤30	≤30	≤30	
致敏染料/(mg/kg)	≤50	≤50	≤50	参考正在制订中的国家标准及2008版OEKO-TEX Standard。
致癌染料/(mg/kg)	≤50	≤50	≤50	
邻苯基苯酚(OPP)/(mg/kg)	≤50	≤100	≤100	参考OEKO-TEX发布2013版纺织品有害物质测试和限量值要求标准。
二甲基甲酰胺(DMF)/(mg/kg)	≤0.1	≤0.1	≤0.1	
N-甲基吡咯烷酮(NMP)/(mg/kg)	≤0.1	≤0.1	≤0.1	
短链氯化石蜡(SCCP)/(mg/kg)	≤0.1	≤0.1	≤0.1	
六价铬 Cr^{6+}/(mg/kg)	≤3	≤3	≤3	
铅 Pb/(mg/kg)	≤0.2	≤1.0	≤1.0	
镍 Ni/(mg/kg)	≤1.0	≤4.0	≤4.0	
镉 Cd/(mg/kg)	≤0.1	≤0.1	≤0.1	

注：A类—婴幼儿用品；B类—直接接触皮肤用品；C类—非直接接触皮肤用品。

第2版相较第1版做了如下修改：

① 将管理和引导的重点放在了有害化学品上，因此删去了对pH和气味的要求。

② 将一些早已在行业达成普遍共识，已经被淘汰的有害化学品剔除，如含氯苯酚、富马酸二甲酯、APEO。含氯苯酚在20世纪90年代以前曾被广泛应用作皮革、纺织等行业的防霉防腐剂，然而随着国际上对该化学品的关注，皮革行业逐步淘汰了含氯苯酚，成都海关技术中心（原四川出入境检验检疫局检验检疫技术中心）自2012年以来监测的200余份皮革样品中并未发现有含氯苯酚，也从侧面证明了含氯苯酚已经被皮革工业淘汰；富马酸二甲酯主要用于皮革制品的防霉，不被用于皮革加工过程中，在其致敏性被爆出后，已经极少被用于皮革制品的抗菌防霉。APEO在国际范围内也被禁用多年了，已经被淘汰。

③ 删去了一些特殊用途的化学品，如PFOS。PFOS主要用于制备防水革，其用途和用量都很有限，而且相关企业本就已有意识地去选用其他替代化学品，大范围地监管没有实际必要。

④ 删去一些检出率较低的重金属元素，仅保留了六价铬、铅、镍和镉。这主要是由于这些金属元素在制革行业仍有应用，在皮革制品中检出的概率较高，且外界关注度比较高，而其他类的重金属在皮革制品中的检出概率极低。

在指标体系的分类中参照了GB 20400—2006《皮革和毛皮 有害物质限量》，将产品按照用途划分为婴幼儿用品（A类）、直接接触皮肤用品（B类）、非直接接触皮肤用品（C类）3类。

参考文献

[1] 郑昱. 生态产品设计研究［D］. 武汉：武汉理工大学，2009.

附　录

附录 1　生态皮革标准体系

1. 范围

本方法规定了生态皮革的术语和定义、产品分类、要求、试验方法、取样和判定规则。

本方法适用于皮革和毛皮及其制品。

2. 规范性引用文件

下列文件对于本文件的应用是必不可少的。凡是注日期的引用文件，仅所注日期的版本适用于本文件。凡是不注日期的引用文件，其最新版本（包括所有的修改单）适用于本文件。

3. 术语和定义

下列术语和定义适用于本标准。

3.1　生态皮革

采用对环境无害或少害的原料和生产过程所产生的对人体健康无害的皮革、毛皮，以及以其为原料生产的皮革、毛皮制品。

3.2　检出限

一种物质被检出的最小值。

注：响应信号为噪声 3 倍时的待测物质的浓度或质量，实验室对每种物质进行检测，得出检测限。

3.3　未检出

当使用试验方法未能检测出某种化学品时，说明其不存在于被测物中。

注：化学品含量小于试验方法检测限。

3.4　限量物质

在皮革、毛皮及其制品的部件中可能存在的化学品，其化学特性会对使用者造成健康危害或对环境产生不利影响。

3.5　婴幼儿用品

年龄在24个月以内（含）的婴幼儿使用的产品。

3.6　直接接触皮肤的产品

在穿着或使用时，产品的大部分面积直接与人体接触的产品。

3.7　非直接接触皮肤的产品

在穿着或使用时，产品不直接与人体皮肤接触，或仅有小部分面积直接与人体皮肤接触。

4. 产品分类

按照产品（包括生产过程各阶段的中间产品）的最终用途，分为3类：

A类：婴幼儿用品；

B类：直接接触皮肤的产品；

C类：非直接接触皮肤的产品。

5. 要求

生态皮革的技术要求见附表1。

附表1　　成品皮革生态性能评价标准指标体系

项　目		单位	产品中有害物质限量		
			A类	B类	C类
游离甲醛		mg/kg	≤20	≤75	≤300
可分解有害芳香胺染料[a]		mg/kg	禁用[b]		
致敏染料[a]		mg/kg	禁用[b]		
致癌染料[a]		mg/kg	禁用[b]		
邻苯基苯酚(OPP)		mg/kg	≤50	≤100	≤100
二甲基甲酰胺(DMF)		%	≤0.1	≤0.1	≤0.1
N-甲基吡咯烷酮(NMP)		%	≤0.1	≤0.1	≤0.1
短链氯化石蜡(SCCP)		%	≤0.1	≤0.1	≤0.1
六价铬 Cr^{6+}		mg/kg	不得检出[c]		
可萃取重金属	铅 Pb	mg/kg	≤0.2	≤1.0	≤1.0
	镍 Ni	mg/kg	≤1.0	≤4.0	≤4.0
	镉 Cd	mg/kg	≤0.1	≤0.1	≤0.1

注：a—具体物质见附录；

b—合格限量值：芳香胺染料30mg/kg，致癌染料10mg/kg，致敏染料5mg/kg；

c—六价铬检出限3mg/kg。

6. 试验方法

6.1　游离甲醛的测定

参照 GB/T 19941.1—2019《皮革和毛皮　甲醛含量的测定　第 1 部分：高效液相色谱法》或 GB/T 19941.2—2019《皮革和毛皮　甲醛含量的测定　第 2 部分：分光光度法》进行。

6.2　可分解有害芳香胺染料的测定

参照 GB/T 19942—2019《皮革和毛皮　化学试验　禁用偶氮染料的测定》进行。

6.3　致敏染料的测定

参照 GB/T 30398—2013《皮革和毛皮　化学试验　致敏性分散染料的测定》进行。

6.4　致癌染料的测定

参照 GB/T 30399—2013《皮革和毛皮　化学试验　致癌染料的测定》进行。

6.5　邻苯基苯酚（OPP）的测定

参照 GB/T 38403—2019《皮革和毛皮　化学试验　防霉剂（TCMTB、PCMC、OPP、OIT）的测定：液相色谱法》进行。

6.6　二甲基甲酰胺（DMF）的测定

参照 GB/T 38401—2019《皮革和毛皮　化学试验　二甲基甲酰胺含量的测定》进行。

6.7　*N*-甲基吡咯烷酮（NMP）的测定

参照 GB/T 38409—2019《皮革　化学试验　*N*-甲基吡咯烷酮（NMP）和 *N*-乙基吡咯烷酮（NEP）的测定》进行。

6.8　短链氯化石蜡（SCCP）的测定

参照 GB/T 38405—2019《皮革和毛皮　化学试验　短链氯化石蜡的测定》进行。

6.9　六价铬 Cr^{6+} 的测定

参照 GB/T 22807—2019《皮革和毛皮　化学试验　六价铬含量的测定：分光光度法》或 GB/T 38402—2019《皮革和毛皮　化学试验　六价铬含量的测定：色谱法》进行。

6.10　可萃取重金属的测定

参照 GB/T 22930.1—2021《皮革和毛皮　金属含量的化学测定　第 1 部分：可萃取金属》进行。

7. 判定规则

如果测试结果中有一项超出附表 1 规定的限量值，则判定该产品不属于生态皮革。

附录 2 潜在风险高关注皮革化学品清单

序号	法规受限情况	CAS 号	中文名称	英文名称	化学式	制革工业用途	产品受限类别	类别
1	欧盟生态纺织 2009/563/EC 决议规定不得含有 OEKO-TEX Standard	50-00-0	甲醛	Formaldehyde	CH_2O	鞣剂、交联剂、皮化材料合成中间体、毛皮烫毛剂等	限量类(禁用类)根据产品用途	醛类
2	REACH 受限	92-67-1	4-氨基联苯	4-Aminobiphenyl	$C_{12}H_{11}N$	染料	禁用类	致癌芳香胺偶氮染料
3	REACH 受限	92-87-5	联苯胺	Benzidine	$C_{12}H_{12}N_2$	染料	禁用类	致癌芳香胺偶氮染料
4	REACH 受限	95-69-2	4-氯-2-甲基苯胺	4-Chloro-2-methylaniline	C_7H_8ClN	染料	禁用类	致癌芳香胺偶氮染料
5	REACH 受限	91-59-8	2-萘胺	2-Naphthylamine	$C_{10}H_9N$	染料	禁用类	致癌芳香胺偶氮染料
6	REACH 受限	97-56-3	邻氨基二甲基偶氮苯	2-methyl-4-[(2-methylphenyl)azo]-Benzenamine	$C_{14}H_{15}N_3$	染料	禁用类	致癌芳香胺偶氮染料
7	REACH 受限	99-55-8	2-氨基-4-硝基甲苯	2-Methyl-5-nitroaniline	$C_7H_8N_2O_2$	染料	禁用类	致癌芳香胺偶氮染料
8	REACH 受限	615-05-4	2,4-二氨基苯甲醚	2,4-Diaminoanisole	$C_7H_{10}N_2O$	染料	禁用类	致癌芳香胺偶氮染料

续表

序号	法规受限情况	CAS 号	中文名称	英文名称	化学式	制革工业用途	产品受限类别	类别
9	REACH 受限	106-47-8	4-氯苯胺	p-Chloroaniline	C_6H_6ClN	染料	禁用类	致癌芳香胺偶氮染料
10	REACH 受限	101-77-9	4,4′-二氨基二苯甲烷	4,4′-Diaminodiphenyl methane	$C_{13}H_{14}N_2$	染料	禁用类	致癌芳香胺偶氮染料
11	REACH 受限	91-94-1	3,3′-二氯联苯胺	3,3′-Dichlorobenzidine	$C_{12}H_{10}Cl_2N_2$	染料	禁用类	致癌芳香胺偶氮染料
12	REACH 受限	119-90-4	3,3′-二甲氧基联苯胺	3,3′-Dimethoxybenzidine	$C_{14}H_{16}N_2O_2$	染料	禁用类	致癌芳香胺偶氮染料
13	REACH 受限	119-93-7	3,3′-二甲基联苯胺	3,3′-Dimethylbenzidine	$C_{14}H_{16}N_{12}$	染料	禁用类	致癌芳香胺偶氮染料
14	REACH 受限	838-88-0	3,3′-二甲基-4,4′-二氨基二苯甲烷	3,3′-diethyl—4,4’-diaminodiphenyl methane	$C_{15}H_{18}N_2$	染料	禁用类	致癌芳香胺偶氮染料
15	REACH 受限	120-71-8	2-甲氧基-5-甲基苯胺	2-Methoxy-5-methylaniline	$C_8H_{11}NO$	染料	禁用类	致癌芳香胺偶氮染料
16	REACH 受限	615-05-4	4-甲氧基间苯二胺	4,4′-Diamino-3,3′-dichlorodiphenylmethane	$C_7H_{10}N_2O$	染料	禁用类	致癌芳香胺偶氮染料
17	REACH 受限	101-80-4	4,4′-二氨基二苯醚	4,4′-Diaminodiphenyl Ether	$C_{12}H_{12}N_2O$	染料	禁用类	致癌芳香胺偶氮染料
18	REACH 受限	139-65-1	4,4′-二氨基二苯硫醚	Bis(4-aminophenyl) Sulfide	$C_{12}H_{12}N_2S$	染料	禁用类	致癌芳香胺偶氮染料
19	REACH 受限	95-53-4	邻甲苯胺	o-Toluidine	C_7H_9N	染料	禁用类	致癌芳香胺偶氮染料
20	REACH 受限	95-80-7	2,4-二氨基甲苯	2,4-Diaminotoluene	$C_7H_{10}N_2$	染料	禁用类	致癌芳香胺偶氮染料

21	REACH 受限	137-17-7	2,4,5-三甲基苯胺	2,4,5-trimethylbenzenamin	$C_9H_{13}N$	染料	禁用类	致癌芳香胺偶氮染料
22	REACH 受限	90-04-0	邻氨基苯甲醚	o-Anisidine	C_7H_9NO	染料	禁用类	致癌芳香胺偶氮染料
23	REACH 受限	60-09-3	4-氨基偶氮苯	p-Aminoazobenzene	$C_{12}H_{11}N_3$	染料	禁用类	致癌芳香胺偶氮染料
24	REACH 受限	95-68-1	2,4-二甲基苯胺	2,4-Xylidine	$C_8H_{11}N$	染料	禁用类	致癌芳香胺偶氮染料
25	REACH 受限	87-62-7	2,6-二甲基苯胺	2,6-Dimethylaniline	$C_8H_{11}N$	染料	禁用类	致癌芳香胺偶氮染料
26	欧盟生态纺织 22009/563/EC 决议及 1999/45/EC 决议规定不得含有	2475-45-8	分散蓝 1	C. I. Blue 1	$C_{14}H_{12}O_2N_4$	染料	禁用类	致敏性分散染料、致癌染料
27	欧盟生态纺织 22009/563/EC 决议及 1999/45/EC 决议规定不得含有	2475-46-9	分散蓝 3	C. I. Blue 3	$C_{17}H_{16}O_3N_2$	染料	禁用类	致敏性分散染料
28	欧盟生态纺织 22009/563/EC 决议及 1999/45/EC 决议规定不得含有	3179-90-6	分散蓝 7	C. I. Blue 7	$C_{18}H_{18}N_2O_6$	染料	禁用类	致敏性分散染料

续表

序号	法规受限情况	CAS 号	中文名称	英文名称	化学式	制革工业用途	产品受限类别	类别
29	欧盟生态纺织 22009/563/EC 决议及 1999/45/EC 决议规定不得含有	3860-63-7	分散蓝 26	C. I. Blue26	$C_{16}H_{14}N_2O_4$	染料	禁用类	致敏性分散染料
30	欧盟生态纺织 22009/563/EC 决议及 1999/45/EC 决议规定不得含有	12222-75-2	分散蓝 35	C. I. Blue 35	$C_{20}H_{14}N_2O_5$	染料	禁用类	致敏性分散染料
31	欧盟生态纺织 22009/563/EC 决议及 1999/45/EC 决议规定不得含有	12222-97-8	分散蓝 102	C. I. Blue 102	$C_{15}H_{19}N_5O_4S$	染料	禁用类	致敏性分散染料
32	欧盟生态纺织 22009/563/EC 决议及 1999/45/EC 决议规定不得含有	12223-01-7	分散蓝 106	C. I. Blue 106	$C_{14}H_{17}O_3N_5S$	染料	禁用类	致敏性分散染料
33	欧盟生态纺织 22009/563/EC 决议及 1999/45/EC 决议规定不得含有	61951-51-7	分散蓝 124	C. I. Blue 124	$C_{16}H_{19}O_4N_5S$	染料	禁用类	致敏性分散染料
34	欧盟生态纺织 22009/563/EC 决议及 1999/45/EC 决议规定不得含有	2872-52-8	分散红 1	C. I. Red 1	$C_{16}H_{18}O_3N_4$	染料	禁用类	致敏性分散染料

35	欧盟生态纺织22009/563/EC决议及1999/45/EC决议规定不得含有	2872-48-2	分散红 11	C. I. Red 11	$C_{15}H_{12}N_2O_3$	染料	禁用类	致敏性分散染料
36	欧盟生态纺织22009/563/EC决议及1999/45/EC决议规定不得含有	3179-89-3	分散红 17	C. I. Red 17	$C_{17}H_{20}N_4O_4$	染料	禁用类	致敏性分散染料
37	欧盟生态纺织22009/563/EC决议及1999/45/EC决议规定不得含有	119-15-3	分散黄 1	C. I. Yellow 1	$C_{12}H_9N_3O_5$	染料	禁用类	致敏性分散染料
38	欧盟生态纺织22009/563/EC决议及1999/45/EC决议规定不得含有	2832-40-8	分散黄 3	C. I. Yellow 3	$C_{15}H_{15}O_2N_3$	染料	禁用类	致敏性分散染料
39	欧盟生态纺织22009/563/EC决议及1999/45/EC决议规定不得含有	6373-73-5	分散黄 9	C. I. Yellow 9	$C_{12}H_{10}N_4O_4$	染料	禁用类	致敏性分散染料
40	欧盟生态纺织22009/563/EC决议及1999/45/EC决议规定不得含有	12236-29-2	分散黄 39	C. I. Yellow 39	$C_{17}H_{16}N_2O$	染料	禁用类	致敏性分散染料

续表

序号	法规受限情况	CAS 号	中文名称	英文名称	化学式	制革工业用途	产品受限类别	类别
41	欧盟生态纺织22009/563/EC 决议及 1999/45/EC 决议规定不得含有	54824-37-2	分散黄 49	C. I. Yellow 49	$C_{12}H_{22}N_4O_2$	染料	禁用类	致敏性分散染料
42	欧盟生态纺织22009/563/EC 决议及 1999/45/EC 决议规定不得含有	2581-69-3	分散橙 1	C. I. Orange 1	$C_{18}H_{14}N_4O_2$	染料	禁用类	致敏性分散染料
43	欧盟生态纺织22009/563/EC 决议及 1999/45/EC 决议规定不得含有	730-40-5	分散橙 3	C. I. Orange 3	$C_{12}H_{10}O_2N_4$	染料	禁用类	致敏性分散染料
44	欧盟生态纺织22009/563/EC 决议及 1999/45/EC 决议规定不得含有	13301-61-6	分散橙 37/76/59	C. I. Orange 37/76	$C_{17}H_{15}O_2N_5Cl_2$	染料	禁用类	致敏性分散染料
45	欧盟生态纺织22009/563/EC 决议及 1999/45/EC 决议规定不得含有	23355-64-8	分散橙棕 1	C. I. Orange Brown 37/77	$C_{16}H_{15}Cl_3N_4O_4$	染料	禁用类	致敏性分散染料
46	欧盟生态纺织22009/563/EC 决议及 1999/45/EC 决议规定不得含有	3761-53-3	酸性红 26	C. I. acid red 26	$C_{18}H_{14}N_2Na_2O_7S_2$	染料	禁用类	致癌染料

47	欧盟生态纺织22009/563/EC 决议及 1999/45/EC 决议规定不得含有	25620-78-4	碱性红 9	C. I. basic red 9	$C_{19}H_{17}N_3 \cdot H$	染料	禁用类	致癌染料
48	欧盟生态纺织22009/563/EC 决议及 1999/45/EC 决议规定不得含有	632-99-5	碱性紫 14	C. I. basic violet 14	$C_{20}H_{19}N_3 \cdot HCl$	染料	禁用类	致癌染料
49	欧盟生态纺织22009/563/EC 决议及 1999/45/EC 决议规定不得含有	1937-37-7	直接黑 38	C. I. direct black 38	$C_{34}H_{25}N_9Na_2O_7S_2$	染料	禁用类	致癌染料
50	欧盟生态纺织22009/563/EC 决议及 1999/45/EC 决议规定不得含有	573-58-0	直接红 28	C. I. direct red 28	$C_{32}H_{22}N_6Na_2O_6S_2$	染料	禁用类	致癌染料
51	欧盟生态纺织22009/563/EC 决议及 1999/45/EC 决议规定不得含有	2602-46-2	直接蓝 6	C. I. direct blue 6	$C_{32}H_{20}N_6Na_4O_{14}S_4$	染料	禁用类	致癌染料
52	欧盟生态纺织22009/563/EC 决议及 1999/45/EC 决议规定不得含有	82-28-0	分散橙 11	C. I. Orange 11	$C_{15}H_{11}NO_2$	染料	禁用类	致癌染料

续表

序号	法规受限情况	CAS 号	中文名称	英文名称	化学式	制革工业用途	产品受限类别	类别
53	欧盟生态纺织22009/563/EC 决议及 1999/45/EC 决议规定不得含有	6250-23-3	分散黄 23	C. I. Yellow 23	$C_{18}H_{14}N_4O$	染料	禁用类	致癌染料
54	欧盟生态纺织22009/563/EC 决议及 1999/45/EC 决议规定不得含有	85136-74-9	分散橙 149	C. I. Orange 149	$C_{25}H_{26}N_6O_3$	染料	禁用类	致癌染料
55	REACH 受限	118685-33-9	蓝色素	Marineblan 018112	$C_{39}H_{23}ClCrN_7O_{12}S_2Na$	染料	禁用类	致癌染料
56	REACH 受限	87-86-5	五氯苯酚	Pentachlorophenol	C_6HCl_5O	杀菌剂、防腐剂	禁用类	含氯酚
57	欧盟生态纺织2009/563/EC 决议规定不得含有	25167-83-3	四氯苯酚	Tetrachlorophenol	$C_6H_2Cl_4O$	杀菌剂、防腐剂	禁用类	含氯酚
58	—	25167-82-2	三氯苯酚	Tirchlorophenol	$C_6H_3Cl_3O$	杀菌剂、防腐剂	禁用类	含氯酚
59	REACH 受限	624-49-7	富马酸二甲酯	Allomaleicacid dimethylester	$C_6H_8O_4$	防霉剂	禁用类	防霉剂
60	REACH 受限	90-43-7	邻苯基苯酚	O-phenylphenol	$C_{12}H_{10}O$	杀菌剂、防腐剂	限用类	邻苯基苯酚(OPP)
61	REACH 受限	9016-45-9	壬基酚聚氧乙烯醚	Nonylphenoxypoly (ethyleneoxy) ethanol	$C_{15}H_{24}O \cdot (C_2H_4O)_n$	表面活性剂	限用类	烷基酚聚氧乙烯醚(APEO)
62	REACH 受限	26636-32-8	辛基酚聚氧乙烯醚	Polyethylene Glycol Tert-octylphenyl Ether	$(C_2H_4O)nC_{14}H_{22}O$	表面活性剂	限用类	烷基酚聚氧乙烯醚(APEO)

63	REACH 受限	25154-52-3	壬基苯酚	Nonylphenol	$C_{15}H_{24}O$	表面活性剂	限用类	烷基酚聚氧乙烯醚(APEO)
64	法规(EU)757/2010 限制	3825-26-1	全氟辛酸铵	n-Perfluorooctanoic acid, ammonium salt	$C_8H_4F_{15}NO_2$	表面活性剂,主要用于防水革的生产	限用类	全氟化合物
65	法规(EU)757/2010 限制	335-95-5	全氟辛酸钠	Sodium perfluorooctanoate	$C_8F_{15}NaO_2$	表面活性剂,主要用于防水革的生产	限用类	全氟化合物
66	法规(EU)757/2010 限制	2395-00-8	全氟辛酸钾	Perfluorooctanoic acidpotassium salt	$C_8F_{15}KO_2$	表面活性剂,主要用于防水革的生产	限用类	全氟化合物
67	法规(EU)757/2010 限制	335-93-3	全氟辛酸银	Silver perfluorooctanoate	$C_8F_{15}O_2Ag$	表面活性剂,主要用于防水革的生产	限用类	全氟化合物
68	法规(EU)757/2010 限制	335-66-0	全氟辛酰氯	Perfluorooctanoyl fluoride	$C_8F_{16}O$	表面活性剂,主要用于防水革的生产	限用类	全氟化合物
69	法规(EU)757/2010 限制	376-27-2	十五氟辛酸甲酯	Methyl perfluorooctanoate	$C_9H_3F_{15}O_2$	表面活性剂,主要用于防水革的生产	限用类	全氟化合物
70	法规(EU)757/2010 限制	3108-24-5	全氟辛酸乙酯	Ethyl perfluorooctanoate	$C_{10}H_5F_{15}O_2$	表面活性剂,主要用于防水革的生产	限用类	全氟化合物
71	REACH 受限	85535-84-8	氯化石蜡 $C_{10\sim13}$	Short chained chloriparaffines $C_{10\text{-}13}$	—	非主动使用的化学物质,可能残留于皮革加脂剂	限用类	短链氯化石蜡

续表

序号	法规受限情况	CAS 号	中文名称	英文名称	化学式	制革工业用途	产品受限类别	类别
72	REACH 高关注	85535-85-9	氯化石蜡 $C_{14\sim17}$	Short chained chloriparaffines $C_{14\sim17}$	—	非主动使用的化学物质，可能残留于皮革加脂剂	减量使用类	短链氯化石蜡
73	REACH 高关注	68-12-2	*N*,*N*-二甲基甲酰胺	N,N-Dimethylformamide	C_3H_7NO	涂饰剂溶剂	限用类	溶剂类
74	REACH 高关注	127-19-5	*N*,*N*-二甲基乙酰胺	N,N-Dimethylacetamide	C_4H_9NO	涂饰剂溶剂	限用类	溶剂类
75	REACH 受限	872-50-4	*N*-甲基吡咯烷酮	1-Methyl-2-pyrrolidinone	C_5H_9NO	涂饰剂溶剂	限用类	溶剂类
76	—	2687-91-4	*N*-乙基-2-吡咯烷酮	N-Ethyl-2-pyrrolidone	$C_6H_{11}NO$	涂饰剂溶剂	减量使用类	溶剂类
77	欧盟在 2005 年公布的玩具标准 EN71-9-2005 中限定了不超过 10mg/kg	26172-55-4	5-氯-2-甲基-4-异噻唑啉-3-酮	5-Chloro-2-methyl-3(2H)-iso thiazolone	C_4H_4ClNOS	皮革防霉、防腐剂	限用类	异噻唑啉酮类
78	欧盟在 2005 年公布的玩具标准 EN71-9-2005 中限定了不超过 10mg/kg	2634-33-5	1,2-苯并异噻唑-3-酮	1,2-benzisothiazole-3-keto	C_7H_5NOS	皮革防霉、防腐剂	减量使用类	异噻唑啉酮类
79	欧盟在 2005 年公布的玩具标准 EN71-9-2005 中限定了不超过 5mg/kg	2682-20-4	2-甲基-4-异噻唑啉-3-酮	2-Methyl-4-isothiazolin-3-one	C_4H_5NOS	皮革防霉、防腐剂	限用类	异噻唑啉酮类
80	—	2634-33-5	苯并异噻唑酮	1,2-Benzisothiazolin-3-One	C_7H_5NOS	皮革防霉、防腐剂	减量使用类	异噻唑啉酮类
81	—	21564-17-0	2-硫氰基甲基硫苯并噻唑	(Thiocyanatomethylthio) benzothiazole	$C_9H_6N_2S_3$	皮革防霉、防腐剂	减量使用类	异噻唑啉酮类

82	—	26530-20-1	正辛基异噻唑啉酮	2-Octyl-2H-isothiazol-3-one	$C_{11}H_{19}NOS$	皮革防霉、防腐剂	减量使用类	异噻唑啉酮类
83	欧盟化妆品 76/768/EEC 限量 100mg/kg；欧盟生活用纸限量 2009/568/EC 1.5mg/dm^2	107-22-2	乙二醛	Glyoxal	$C_2H_2O_2$	鞣剂、防霉剂、皮化材料合成原料	减量使用类	醛类
84	REACH 受限	111-30-8	戊二醛	glutaraldehyde	$C_5H_8O_2$	鞣剂、防霉剂、皮化材料合成原料	减量使用类	醛类
85	REACH 受限	91-20-3	萘	Naphthalene	$C_{10}H_8$	非主动使用的化学物质，可能残存于皮革涂饰剂、防霉防腐剂等皮化材料中	减量使用类	多环芳烃
86	REACH 受限	208-96-8	苊烯	Acenaphthylene	$C_{12}H_8$	非主动使用的化学物质，可能残存于皮革涂饰剂、防霉防腐剂等皮化材料中	限用类	多环芳烃
87	REACH 受限	83-32-9	苊	Acenaphthene	$C_{12}H_{10}$	非主动使用的化学物质，可能残存于皮革涂饰剂、防霉防腐剂等皮化材料中	限用类	多环芳烃

续表

序号	法规受限情况	CAS号	中文名称	英文名称	化学式	制革工业用途	产品受限类别	类别
88	REACH 受限	86-73-7	芴	Fluorene	$C_{13}H_{10}$	非主动使用的化学物质，可能残存于皮革涂饰剂、防霉防腐剂等皮化材料中	限用类	多环芳烃
89	REACH 受限	85-01-8	菲	Phenanthrene	$C_{14}H_{10}$	非主动使用的化学物质，可能残存于皮革涂饰剂、防霉防腐剂等皮化材料中	限用类	多环芳烃
90	REACH 受限	120-12-7	蒽	Anthracene	$C_{14}H_{10}$	非主动使用的化学物质，可能残存于皮革涂饰剂、防霉防腐剂等皮化材料中	限用类	多环芳烃
91	REACH 受限	206-44-0	荧蒽	Fluoranthene	$C_{16}H_{10}$	非主动使用的化学物质，可能残存于皮革涂饰剂、防霉防腐剂等皮化材料中	限用类	多环芳烃
92	REACH 受限	129-00-0	芘	Pyrene	$C_{16}H_{10}$	非主动使用的化学物质，可能残存于皮革涂饰剂、防霉防腐剂等皮化材料中	限用类	多环芳烃

93	REACH 受限	56-55-3	苯并(a)蒽	Benzo(a)anthracene	$C_{18}H_{12}$	非主动使用的化学物质，可能残存于皮革涂饰剂、防霉防腐剂等皮化材料中	限用类	多环芳烃
94	REACH 受限	218-01-9	䓛	Chrysene	$C_{18}H_{12}$	非主动使用的化学物质，可能残存于皮革涂饰剂、防霉防腐剂等皮化材料中	限用类	多环芳烃
95	REACH 受限	205-99-2	苯并(b)荧蒽	Benzo(b)fluoranthene	$C_{20}H_{12}$	非主动使用的化学物质，可能残存于皮革涂饰剂、防霉防腐剂等皮化材料中	限用类	多环芳烃
96	REACH 受限	207-08-9	苯并（k)荧蒽	Benzo(k)fluoranthene	$C_{20}H_{12}$	非主动使用的化学物质，可能残存于皮革涂饰剂、防霉防腐剂等皮化材料中	限用类	多环芳烃
97	REACH 受限	50-32-8	苯并(a)芘	Benzo(a)pyrene	$C_{20}H_{12}$	非主动使用的化学物质，可能残存于皮革涂饰剂、防霉防腐剂等皮化材料中	限用类	多环芳烃

续表

序号	法规受限情况	CAS 号	中文名称	英文名称	化学式	制革工业用途	产品受限类别	类别
98	REACH 受限	53-70-3	二苯并(a,h)蒽	Dibenzo(a,h)anthracene	$C_{22}H_{14}$	非主动使用的化学物质，可能残存于皮革涂饰剂、防霉防腐剂等皮化材料中	限用类	多环芳烃
99	REACH 受限	191-24-2	苯并(g,h,i)芘	Benzo(g,h,i)pyrene	$C_{22}H_{12}$	非主动使用的化学物质，可能残存于皮革涂饰剂、防霉防腐剂等皮化材料中	限用类	多环芳烃
100	REACH 受限	193-39-5	茚苯(1,2,3-cd)芘	Indeno(1,2,3-cd)pyrene	$C_{22}H_{12}$	非主动使用的化学物质，可能残存于皮革涂饰剂、防霉防腐剂等皮化材料中	限用类	多环芳烃
101	—	111-46-6	二乙二醇	Diethylene glycol	$C_4H_{10}O_3$	涂饰助剂类	减量使用类	溶剂类
102	—	5443-49-2	α-溴桂醛	Alpha-Bromocinnamaldehyde	C_9H_7BrO	杀菌剂、防腐剂	减量使用类	杀菌剂
103	—	555-16-8	对硝基苯甲醛	4-Nitrobenzaldehyde	$C_7H_5NO_3$	杀菌剂、防腐剂	减量使用类	杀菌剂
104	—	98-01-1	呋喃甲醛	Furfural	$C_5H_4O_2$	杀菌剂、防腐剂	减量使用类	杀菌剂
105	—	88-04-0	对氯间甲苯酚	4-Chloro-3,5-dimethylphenol	C_8H_9ClO	杀菌剂、防腐剂	减量使用类	杀菌剂
106	—	87-17-2	水杨酰苯胺	Salicylanilide	$C_{13}H_{11}NO_2$	皮革防霉剂	减量使用类	杀菌剂
107	—	52-51-7	2-溴-2-硝基-1,3-丙二醇	2-bromo-2-nitro-1,3-propanediol	$C_3H_6BrNO_4$	皮革防霉剂	减量使用类	杀菌剂

108	—	520-45-6	脱氢乙酸	Dehydroacetic acid	$C_8H_8O_4$	皮革防霉防腐剂	减量使用类	杀菌剂
109	—	111-76-2	2-丁氧基乙醇	2-Butoxyethanol	$C_6H_{14}O_2$	溶剂	减量使用类	溶剂类
110	REACH 受限	7778-50-9	重铬酸钾	Potassium dichromate	$Cr_2K_2O_7$	无机鞣剂	限用类	六价铬
111	REACH 受限	14977-61-8	铬酰氯	Chromyl chloride	Cl_2CrO_2	无机鞣剂	限用类	六价铬
112	REACH 受限	10588-01-9	重铬酸钠	Sodium dichromate	$Cr_2Na_2O_7$	无机鞣剂	限用类	六价铬
113	REACH 受限	7789-9-5	重铬酸铵	Ammonium dichromate	$Cr_2H_8N_2O_7$	无机鞣剂	限用类	六价铬
114	REACH 受限	12336-95-7	碱式硫酸铬	Chromium sulfate, basic	$CrHO_5S$	无机鞣剂	限用类	六价铬
115	—	584-84-9	甲苯-2,4-二异氰酸酯	TDI, Toluene-2,4-diisocyanate; 2,4-tolylene diisocyanate	$C_9H_6N_2O_2$	聚氨酯类涂饰剂合成单体	限用类	异氰酸酯类
116	—	822-06-0	六亚甲基二异氰酸酯	HDI, Hexamethylene Diisocyanate	$C_8H_{12}N_2O_2$	聚氨酯类涂饰剂合成单体	限用类	异氰酸酯类
117	—	4098-71-9	异佛尔酮二异氰酸酯	3-Isocyanatomethyl-3,5,5-trimethylcyclohexyl isocyanate; 5-Isocyanato-1-(isocyanatomethyl)-1,3,3-trimethylcyclohexane; IPDI	$C_{12}H_{18}N_2O_2$	聚氨酯类涂饰剂合成单体	限用类	异氰酸酯类
118	REACH 受限	101-68-8	二苯基甲烷二异氰酸酯	4,4′-diphenylmethane diisocyanate	$C_{15}H_{10}N_2O_2$	聚氨酯类涂饰剂合成单体	限用类	异氰酸酯类
119	REACH 受限	683-18-1	二丁基二氯化锡	Dibutyltin dichloride, DBT	$C_8H_{18}Cl_2Sn$	防霉剂	限用类	有机锡类
120	REACH 受限	1461-22-9	三正丁基氯化锡	Tri-n-butyltin chloride, TBT	$C_{12}H_{27}ClSn$	防霉剂	限用类	有机锡类

续表

序号	法规受限情况	CAS 号	中文名称	英文名称	化学式	制革工业用途	产品受限类别	类别
121	REACH 受限	7439-92-1	铅	Lead	Pb	存在于皮革鞣剂、染料、颜料及其他助剂中	限用类	重金属类
122	REACH 受限	7440-43-9	镉	Cadmium	Cd	存在于皮革鞣剂、染料、颜料及其他助剂中	限用类	重金属类
123	REACH 受限	7440-02-0	镍	Nickel	Ni	存在于皮革鞣剂、染料、颜料及其他助剂中	限用类	重金属类
124	REACH 受限	7440-48-4	钴	Cobalt	Co	存在于皮革鞣剂、染料、颜料及其他助剂中	限用类	重金属类
125	REACH 受限	7440-50-8	铜	Copper	Cu	存在于皮革鞣剂、染料、颜料及其他助剂中	限用类	重金属类
126	REACH 受限	7440-36-0	锑	Antimony	Sb	存在于皮革鞣剂、染料、颜料及其他助剂中	限用类	重金属类
127	REACH 受限	7440-38-2	砷	Arsenic	As	存在于皮革鞣剂、染料、颜料及其他助剂中	限用类	重金属类
128	REACH 受限	7439-97-6	汞	Mercury	Hg	存在于皮革鞣剂、染料、颜料及其他助剂中	限用类	重金属类

129	REACH 受限第 1907/2006 号法规(EC)附件 XVII 的修正案 2018/1513	91-22-5	喹啉	Quinoline	C_9H_7N	印染行业用于制取菁蓝色素和感光色素	在纺织和鞋类产品中使用限量不超过 50mg/kg	染料
130	REACH 受限第 1907/2006 号法规(EC)附件 XVII 的修正案 2018/1513	3165-93-3	4-氯-邻氨基甲苯盐酸盐	4-chloro-o-toluidinium chloride	$C_7H_9Cl_2N$	分散染料	在纺织和鞋类产品中使用限量不超过 30mg/kg	染料
131	REACH 受限第 1907/2006 号法规(EC)附件 XVII 的修正案 2018/1513	553-00-4	2-萘胺醋酸盐	2-Naphthylammonium acetate	$C_{12}H_{13}NO_2$	染料	在纺织和鞋类产品中使用限量不超过 30mg/kg	染料
132	REACH 受限第 1907/2006 号法规(EC)附件 XVII 的修正案 2018/1513	39156-41-7	2,4-二氨基苯甲醚硫酸盐	4-methoxy-m-phenylene diammonium sulphate;2,4-diaminoanisole sulphate	$C_7H_{12}N_2O_5S$	分散染料	在纺织和鞋类产品中使用限量不超过 30mg/kg	染料
133	REACH 受限第 1907/2006 号法规(EC)附件 XVII 的修正案 2018/1513	21436-97-5	2,4,5-三甲基苯胺盐酸盐	2,4,5-Trimethylbenzenamine hydrochlorideE	$C_9H_{14}ClN$	染料	在纺织和鞋类产品中使用限量不超过 30mg/kg	染料

续表

序号	法规受限情况	CAS 号	中文名称	英文名称	化学式	制革工业用途	产品受限类别	类别
134	REACH 受限	22673-19-4	双(乙酰丙酮酸)二丁基锡	Dibutylbis(pentane-2,4-dionato-O,O′)tin	$C_{18}H_{32}O_4Sn$	用于黏合剂,密封剂、涂料油漆、稀释剂、除漆剂、纸张处理剂,染料、染整助剂、树脂和橡胶生产中的聚合物制剂等	限用类,物品中总含量不超过 0.1%	催化剂
135	REACH 受限	693-98-1	2-甲基咪唑	2-methylimidazole	$C_4H_6N_2$	用作催化剂、原料、化学中间体;用于制药、照相、光热化学药品、染料、颜料、农药、橡胶	限用类,物品中总含量不超过 0.1%	催化剂